OUTRAS PALAVRAS
sobre AUTORIA e PLÁGIO

Transparência autoral

Este livro é uma publicação editorial da Tese de Doutorado intitulada OUTRAS PALAVRAS: *análise dos conceitos de autoria e plágio na produção textual científica no contexto pós-moderno*, defendida em agosto de 2014 na Faculdade de Educação da Universidade de São Paulo.

De acordo com a Portaria nº 013, de 15 de fevereiro de 2006, da Coordenação de Aperfeiçoamento de Pessoal de Nível Superior do Ministério da Educação, a tese que originou este livro está autorizada pelo autor para divulgação e distribuição na íntegra pela Biblioteca Digital da USP.

MARCELO KROKOSCZ

OUTRAS PALAVRAS
sobre AUTORIA e PLÁGIO

SÃO PAULO
EDITORA ATLAS S.A. – 2015

© 2014 by Editora Atlas S.A.

Capa: Leonardo Hermano
Projeto gráfico e composição: CriFer – Serviços em Textos

Dados Internacionais de Catalogação na Publicação (CIP)
(Câmara Brasileira do Livro, SP, Brasil)

Krokoscz, Marcelo
Outras palavras sobre autoria e plágio /
Marcelo Krokoscz. - - São Paulo : Atlas, 2015.

Bibliografia.
ISBN 978-85-224-9732-4
ISBN 978-85-224-9733-1 (PDF)

1. Autoria 2. Dissertações acadêmicas 3. Ética
4. Plágio 5. Teses 6. Trabalhos científicos – Normas
7. Trabalhos científicos – Redação I. Título.

14-12860
CDD-808.02

Índices para catálogo sistemático:

1. Trabalho de redação científica : Guia para estudantes,
professores, pesquisadores e editores   808.02

2. Trabalhos científicos : Redação : Guia para estudantes,
professores, pesquisadores e editores   808.02

TODOS OS DIREITOS RESERVADOS – É proibida a reprodução
total ou parcial, de qualquer forma ou por qualquer meio.
A violação dos direitos de autor (Lei nº 9.610/98) é crime
estabelecido pelo artigo 184 do Código Penal.

Depósito legal na Biblioteca Nacional conforme Lei nº 10.994,
de 14 de dezembro de 2004.

Impresso no Brasil/*Printed in Brazil*

Editora Atlas S.A.
Rua Conselheiro Nébias, 1384
Campos Elísios
01203 904 São Paulo SP
011 3357 9144
atlas.com.br

Para as minhas queridas Daniella, Ana Clara e Larissa. Fontes de alegria, realização pessoal e compartilhamento de experiências que contribuem diariamente para que eu seja esta pessoa e autor em permanente processo de formação e aprimoramento.

I

Como Geoff Nunberg dizia em fevereiro de 2002, na NPR's Fresh Air, *"a coisa mais interessante sobre o plágio é quão raro alguém tem alguma coisa original para dizer sobre isto"*. (MARSH, 2007, p. 27, grifo nosso, tradução nossa).

II

É óbvio, diz Hadamard, "que invenção ou descoberta, seja em matemática ou qualquer outro lugar, ocorre por meio da combinação de ideias..." O verbo latino Cogito para "pensar" etimologicamente significa "agitar junto". Santo Agostinho já havia percebido isso e também observou que intelligo significa "escolher entre" (KOESTLER, 1967, p. 120, tradução nossa).

III

Conhecimento tem sido muitas vezes usado como o exemplo clássico de um bem público puro – um bem disponível para todos e que o uso de uma pessoa não subtrai o uso dos outros (HESS; OSTROM, 2011, p. 8, tradução nossa).

Sumário

Prefácio, xi

Introdução, 1

1 **Plágio: um assunto complexo e desafiador,** 11
   1.1 O plágio como um assunto complexo e desafiador, 18
       1.1.1 Áreas de ocorrência do plágio, 18
       1.1.2 Níveis de ocorrência do plágio no âmbito acadêmico, 22
       1.1.3 Categorias de envolvimento com o plágio, 31
       1.1.4 Tipologia de manifestação do plágio acadêmico, 34
   1.2 O enfrentamento internacional do plágio acadêmico, 37
   1.3 O enfrentamento do plágio acadêmico no Brasil, 39
   1.4 O plágio do ponto de vista histórico e teórico, 46
       1.4.1 Aprofundando a compreensão e a análise sobre o plágio, 49

2 **Em busca da autoria,** 57
   2.1 Definindo o autor e a autoria, 60
   2.2 O nascimento do autor e a instituição da autoria, 64
   2.3 A autoria na pós-modernidade, 70
   2.4 Singularização da autoria: a função autor, 72
   2.5 A revolução tecnológica e a pulverização da autoria, 75
   2.6 Novas conotações e fenômenos autorais, 78
   2.7 Wikipédia: autoria coletiva e interesse público, 79

3 Autoria científica, 87

3.1 A especificidade da autoria científica, 88
3.2 A condição pós-moderna da autoria científica, 97
3.3 Critérios de autoria científica, 106
3.4 A complexidade da autoria científica, 113
3.5 Princípios éticos da autoria científica, 117
3.6 Criação e estilo na produção textual científica, 122

Conclusões — Autor: nem Deus, nem Lavoisier!, 135

Referências, 155

Prefácio

O tema é candente e oportuno. Periodicamente, manchetes espalhafatosas denunciam práticas acadêmicas condenáveis e putativos plágios. A frequente simplificação no tratamento é evidente: de um lado, encontram-se erros de procedimentos nas práticas ou nas referências, que podem ser associados a deslizes mais ou menos inocentes; do outro, as acusações de má-fé na apropriação indébita, em geral dissimulada, de palavras ou ideias alheias. Mas não bastam tais vertentes para a compreensão do fenômeno. Entre a inocente falha técnica ou o criminoso desvio de caráter, outras vias de análise precisam ser consideradas, nos dias atuais. Não se pode subestimar a complexidade da noção de autoria, sob pena de as análises se reduzirem a uma lista moralista de mandamentos ("Não furtar", "Não cobiçar as coisas alheias"...) ou a um manual de normas técnicas, facilmente transformado em um *software* policialesco, como um antivírus. Decididamente, o tema merece uma análise muito mais específica.

Diversos autores já examinaram o conceito de autoria, de Foucault a Chartier, de Granger a Schneider, de Moles a Steiner, entre outros devidamente explorados pelo autor deste trabalho. O crescente recurso a tecnologias informáticas tem temperado significativamente tal questão, tornando ainda mais complexa a caracterização da autoria e da responsabilidade pelo que se produz e põe em circulação. Algumas formas de redação de trabalhos científicos apresentam como tecnicamente legítima a distribuição – e diluição – da responsabilidade pela autoria de um artigo a várias centenas de autores. Instrumentos cada vez mais difundidos e utilizados funcionam de modo similar à conhecida Wikipédia, com seus verbetes colaboracionistas. Mesmo de modo menos organizado, cada vez mais, para o bem ou para o mal, a partilha de informações, fundamentais para a construção do conhecimento, é a marca das redes sociais. A circulação do conhecimento, que se transformou no principal fator de produção nos dias atuais, tem merecido análises insólitas, especialmente promissoras, no próprio território da Economia, com implicações na ideia de autoria. É o caso, por exemplo, do trabalho de Elinor Ostrom, primeira mulher a ganhar o Prêmio Nobel de Economia, em 2009, com a criação da noção de *commons*, que constituiriam bens a serem partilhados por todos, que não deveriam circular como mercadorias (*commodities*) em sentido industrial. O desenvolvimento de tais concepções deve alterar fundamentalmente os modos de tratamento da autoria, com implicações diretas nas distinções entre direitos autorais e direitos patrimoniais.

Naturalmente, o autor deste trabalho não poderia, em tão pouco espaço/tempo, analisar detidamente todos os aspectos da questão da autoria, mesmo restringindo seu raio de ação à produção científica. Navega, no entanto, com discernimento e competência, entre os grandes referenciais de tal temática, mapeando um território fecundo, a ser percorrido e explorado em trabalhos futuros por todos os que se debruçarem sobre as instigantes dimensões da ideia de autoria nos dias atuais. O elogio da disponibilidade de informações nas redes informáticas não pode ser contaminado pela tentação do cerceamento puro e simples da circulação, nem pela banalização da perspectiva lavoisieriana do "nada se cria". O autor não é um Deus, que cria a partir do nada, mas as ideias de autoria e de criação resistem conceitualmente, em meio ao mar da tecnologia.

A leitura deste trabalho certamente iluminará muitos aspectos da caracterização da autoria e do plágio na criação científica, mas não se esgota no registro acadêmico da pesquisa realizada pelo autor. A riqueza do referencial teórico utilizado, competentemente mapeado pelo autor, sugere múltiplas possibilidades de inspiração para novos trabalhos. A combinação de algumas perspectivas apenas vislumbradas no texto pode sugerir diversas vias de exploração. Basta um exemplo para ilustrar o que aqui se afirma. É muito pouco frequente, no dia a dia, a denúncia de plágio na poesia. A análise das relações entre a criação científica e a literária, articulada com a ideia de pessoalidade na constituição da autoria, abre uma trilha para uma investigação de tal temática: salvo o roubo puro e simples, existiria plágio na poesia?

Quem quer que deseje arriscar uma resposta de questões como essa certamente terá muito proveito com a leitura deste instigante trabalho.

São Paulo, outubro de 2014

Nílson José Machado

Professor Titular da Faculdade de Educação da Universidade de São Paulo

Introdução

Estudo realizado pela academia de ciência britânica mostra que as publicações científicas brasileiras no período de 2004 a 2008 corresponderam a 1,6% da produção científica mundial, denotando possibilidade de crescimento nesta área, o que vem sendo evidenciado especialmente no aspecto de colaboração internacional entre os pesquisadores (ADAMS, 2012; THE ROYAL SOCIETY, 2011). Atualmente, a produção científica nacional corresponde a 2,7% do que é produzido no mundo, e o Brasil ocupa o 14º lugar no *ranking* mundial (MASSARANI, 2013).

Entretanto, se por um lado constata-se que a jovem produção científica brasileira tem boas perspectivas no cenário científico mundial, por outro lado têm repercutido na mídia local discussões e denúncias relacionadas à ocorrência de plágio em trabalhos acadêmicos de estudantes e pesquisadores (DINIZ, 2011; GARCIA, 2009; GERAQUE, 2009; LIMA, 2011; NATALI, 2011).

O assunto requer análise aprofundada contra o risco de reduzir-se à rotulação midiática em geral limitada à reprovação da prática do plágio e da atitude dos plagiários. De fato, desde o seu surgimento na Antiguidade, o plágio sempre foi moral e coletivamente reprovado por representar uma fraude de autoria, porém argumenta-se que toda temática histórica precisa ser analisada considerando sua complexidade e suas contradições (MANSO, 1987; SCHNEIDER, 1990).

Popularmente conhecido como apropriação indevida de obra ou conteúdo alheio que é apresentado como sendo próprio, o plágio está relacionado diretamente ao cotidiano acadêmico caracterizado como prática desonesta, incompatível com o escopo universitário de criação e desenvolvimento do conhecimento, o que requer reflexão e posicionamento institucional. É uma "prática danosa que deve ser vista com seriedade, não só no plano legal, mas principalmente nos meios intelectuais" (CHRISTOFE, 1996, p. 34).

Apesar de a infâmia atrelada a quem comete plágio ser impiedosa, instituições de ensino superior ao redor do mundo compartilham a opinião de que o plágio pode acontecer de forma **intencional**, quando a fraude autoral é feita de forma deliberada, ou **acidental**, ou seja, sem que haja a intenção deliberada do redator em apropriar-se indevidamente de um conteúdo alheio (HARVARD UNIVERSITY, 2011; MASSACHUSETTS INSTITUTE OF TECHNOLOGY, 2007; UNIVERSITY OF OXFORD, 2011).

Isso pode acontecer, entre outros fatores, porque se falha no processo de identificação das fontes utilizadas, seja por esquecimento, dificuldades de elaboração de paráfrases e/ou desconhecimento das convenções de normalização. Portanto, não se pode reduzir a discussão do plágio como se fosse uma caçada a piratas intelectuais, eventuais pilhadores de conteúdos e trabalhos acadêmicos alheios, até porque o conhecimento entendido como experiência adquirida, ideias, informações e dados não pode ser considerado como uma *commodity* sobre a qual alguém exerce propriedade intelectual. Esse é um debate complexo que do ponto de vista da consideração do conhecimento como um bem comum (*as a commons*) refere-se à análise de um bem que é compartilhado pela humanidade.

> Conhecimento, na sua forma intangível, passou à categoria de bem público, uma vez que era difícil excluir as pessoas de conhecimentos provenientes de descoberta feita por alguém. O uso do conhecimento (como a teoria da relatividade de

Einstein) por uma pessoa não subtrai a possibilidade de outra para usá-lo. Este exemplo refere-se às ideias, pensamentos e à sabedoria encontrada na leitura de um livro – não ao livro em si, o que seria classificado como um bem privado (HESS; OSTROM, 2007, p. 9, tradução nossa).[1]

Além do mais, o plágio é um fenômeno intrinsecamente relacionado ao ato de autoria, o que no meio acadêmico pode ser considerado aspecto fundamental de distinção intelectual. Ainda que o conhecimento veiculado por ideias faladas ou escritas seja a essência da discursividade científica de alunos, professores ou pesquisadores, a autoria tem funções imprescindíveis, seja para atestar credibilidade aos conteúdos compartilhados, bem como para destacar a importância do que é dito (FOUCAULT, 2002). No entanto, a certificação de autoria é algo que sempre se atesta *a posteriori*, pois não há autor sem obra. Daí se pode pensar que na ânsia de ser reconhecido como tal, os meios de consecução da obra nem sempre são fundamentados em antinomias do plágio como a criação, estilo ou originalidade do autor. É o que vem se percebendo e discutindo em relação à produtividade científica brasileira. A demanda por aumento da quantidade de publicações, preocupação com o crescimento dos índices de impacto dos periódicos brasileiros e de citações dos trabalhos dos investigadores são alguns dos aspectos que têm sido correlacionados à ocorrência do plágio no âmbito da pesquisa (BIONDI, 2011).

Percepção semelhante já tinha sido apresentada por Schneider (1990) na reflexão que faz sobre a importância da identidade do sujeito na produção científica.

> A propensão ao plágio se intensificou no meio intelectual e, hoje, ela se deixa observar sob formas exasperadas em grupos em que o excesso de candidatos aguça o rancor contra

---

[1] "Knowledge, in its intangible form, fell into the category of a public good since it was difficult to exclude people from knowledge once someone had made a Discovery. One person's use of knowledge (such as Einstein's theory of relativity) did not subtract from another person's capacity to use it. This example refers to the ideas, thoughts and wisdom found in the reading of a book – not to the book itself, which would be classified as a private good" (HESS; OSTROM, 2007, p. 9).

os eleitos. Num vagão lotado, os punguistas e as rixas entre passageiros são bem mais frequentes que na época em que a escritura e o pensamento eram o ofício que poucos seguiam, cada qual em seu caminho. Num tal contexto, o plágio torna-se, realmente, o que sempre foi fantasmaticamente: uma questão de sobrevivência em um ambiente onde é preciso disputar o próprio lugar (SCHNEIDER, 1990, p. 60).

Um desdobramento deste problema pode ser verificado, por exemplo, nos "consórcios de autores", formados por grupos de colegas, os quais subscrevem uma mesma publicação que na realidade é produto do trabalho de pesquisa de uma ou duas pessoas. Um caso derivado de autoria fantasma: os verdadeiros autores assinam o trabalho e inserem os nomes de outras pessoas no manuscrito para compartilharem os resultados (aumento do currículo, das citações, da visibilidade, do prestígio, entre outros).

A discussão sobre o plágio também alcança o âmbito da formação universitária. A principal característica do ensino superior é a produção do conhecimento (pesquisa), um componente considerado como o "centro nervoso da universidade" (AZEVEDO et al., 2010). Entretanto, discute-se que o ensino e o desenvolvimento científico no Brasil precisam ser repensados, "seja no plano pedagógico, seja no âmbito das decisões sobre políticas de educação, seja ainda nas extensões da sociedade civil onde se engendram as vontades e aspirações populares" (WERTHEIN; CUNHA, 2009, p. 48).

Isso tem a ver com o recente movimento de expansão do ensino universitário brasileiro, que no período de 1991 a 2007 teve um crescimento de matrículas de 300% (BRASIL, 2010). A imagem vinculada à universidade, especialmente pelas instituições privadas para a captação de estudantes, geralmente está relacionada à ideia de qualificação de mão de obra para o mercado de trabalho, o que corresponde às expectativas do Banco Mundial e da Organização Mundial do Comércio (SANTOS, 2004). Daí o surgimento da expectativa de boa parte dos estudantes que ingressam no ensino superior de encontrarem na formação universitária uma alavanca social, que garanta um lugar no mercado de trabalho e aumento da renda. Portanto, a preocupação com a pesquisa científica não é o mais importante para o jovem universitário e, consequentemente, a realização de pesquisas e a produção de trabalhos acadêmicos tornam-se meras formalidades a serem cumpridas para a obtenção de notas exigidas para a certificação.

Nessa linha de reflexão, a compra de trabalhos acadêmicos prontos, a reutilização de trabalhos já feitos, a reprodução de conteúdos da Internet, entre outros procedimentos relacionados, podem se tornar uma prática comum e intencional considerando-se que podem ser entendidas pelos estudantes de graduação não como um fim, mas apenas como um meio de obtenção de notas e diploma.

Portanto, percebe-se que a discussão sobre o plágio precisa de uma abordagem que vá além da superficialidade pericial de identificação e punição de ladrões de palavras e ideias, mas que considere e problematize também aspectos como dificuldades e limitações na formação básica dos estudantes no que se refere à prática de pesquisa; uma análise aprofundada do significado da autoria científica contemporânea; a caracterização e o escopo da produção científica; o papel da formação científica universitária, entre outros.

Assim, considerando-se a reflexão desenvolvida, propõe-se como problemática a ser estudada neste livro a seguinte pergunta: **o que significa ser autor e criador no processo de produção textual científica?** Em relação a isso, pretende-se fundamentalmente discutir as relações existentes entre autoria e plágio e suas implicações no âmbito da produção textual científica. Especificamente, deseja-se analisar o fenômeno do plágio no âmbito acadêmico a partir da produção científica brasileira e internacional; discutir concepções teóricas relacionadas à autoria e à criação contextualizando-as na perspectiva da produção textual científica e das novas tecnologias de informação e comunicação bem como em relação às novas caracterizações relacionadas à propriedade do conhecimento.

Dessa maneira, essa investigação situa-se no contexto das reflexões que têm por objetivos aprofundar a compreensão sobre o fenômeno do plágio no ambiente acadêmico brasileiro, tais como as preocupações sobre esse tipo de fraude, que vêm sendo apresentadas por instituições nacionais ligadas à pesquisa, como no caso da Coordenação de Aperfeiçoamento de Pessoal de Nível Superior (CAPES), a qual recomendou que todas as instituições de ensino brasileiras

> adotem políticas de conscientização e informação sobre a propriedade intelectual, adotando procedimentos específicos que visem coibir a prática do plágio quando da redação de teses, monografias, artigos e outros textos por parte de alunos e outros membros de suas comunidades (COORDENAÇÃO DE APERFEIÇOAMENTO DE PESSOAL DE NÍVEL SUPERIOR, 2011).

Também preocupada com a ocorrência do plágio, bem como de outras fraudes em trabalhos de pesquisa, a Fundação de Amparo à Pesquisa do Estado de São Paulo (FAPESP) lançou um Código de Boas Práticas Científicas, que apresenta orientações para pesquisadores visando à prevenção de práticas de má conduta relacionadas à pesquisa científica como a fabricação de dados, a falsificação de resultados e o plágio (FUNDAÇÃO DE AMPARO À PESQUISA DO ESTADO DE SÃO PAULO, 2011), e a Comissão de Integridade de Pesquisa do Conselho Nacional de Desenvolvimento Científico (CNPq), reconhecendo os malefícios à edificação do conhecimento causados por práticas fraudulentas, como a falsificação de dados e o plágio, recomenda ações preventivas e punitivas visando o enfrentamento desse problema (CONSELHO NACIONAL DE DESENVOLVIMENTO CIENTÍFICO E TECNOLÓGICO, 2011).

Essas iniciativas são bem-vindas, sobretudo considerando-se que a preocupação das universidades brasileiras com a ocorrência de plágio no ambiente acadêmico é quase inexistente comparada ao que é feito pelas melhores instituições de ensino internacionais (KROKOSCZ, 2011). Além de serem comumente encontradas orientações e diretrizes voltadas para a prevenção do plágio nos *websites* dessas universidades, no âmbito internacional acontecem conferências mundiais sobre plágio (PLAGIARISM.ORG, 2011), existem revistas científicas voltadas para a publicação de estudos sobre o tema (INTERNATIONAL JOURNAL FOR EDUCATIONAL INTEGRITY), existe um departamento oficial voltado para questões relacionadas à integridade científica (U.S. DEPARTMENT OF HEALTH AND HUMAN SERVICES, 2011) e há uma vasta bibliografia internacional sobre o assunto, o que resulta em mais de uma centena de livros recuperados pelo termo *plagiarism* no sistema de buscas do *website* <www.amazon.com>.

Embora o objeto dessa investigação não seja novo no cenário da pesquisa acadêmica brasileira, observando-se os estudos já realizados nota-se a ausência de pesquisas que tenham trazido contribuições voltadas para a reflexão e discussão do fenômeno do plágio na perspectiva da autoria e da produção científica.

Em estudos nacionais que tiveram o plágio como objeto de investigação observaram-se relações entre a ocorrência de plágio e desconhecimento dos alunos quanto à utilização de técnicas de sumarização e também das limitações dos docentes em mediar o processo de produção de textos (OLIVEIRA, 2007); entre alunos de pós-graduação foram encontradas dificuldades dos estudantes em relação à compreensão da distinção entre plágio e paráfrases. Além disso, observou-se que o fato de tais alunos terem tido aulas sobre o assunto e orientação acadêmica, não foi suficiente para que os estudantes tivessem maior conhecimento sobre plágio e autoria em trabalhos científicos (FACHINI; DOMINGUES, 2008). Além disso, estudo relatado por Barbastefano e Souza (2008) destacou o fato de que, na opinião dos estudantes, o plágio acontece desde a educação básica, sem que os mesmos tenham recebido orientações acerca do que seja autoria e direitos autorais.

No âmbito da produção científica "profissional", também têm surgido discussões sobre a relação existente entre autoria e plágio. A Revista da Associação dos Docentes da Universidade de São Paulo (ADUSP) apresentou uma reportagem onde vários pesquisadores discutem a relação entre a ocorrência do plágio e a pressão por produtividade, entenda-se o aumento da publicação científica dos pesquisadores brasileiros (BIONDI, 2011).

Apesar de não haver provas de correlação entre a pressão por produtividade e a ocorrência de plágio, entre os pesquisadores entrevistados a argumentação de que os profissionais do meio acadêmico precisam apresentar produção científica para a manutenção de bolsas e privilégios, bem como atitudes interesseiras de ampliação do número de publicações nos currículos, por meio de consórcios de autores em publicações, em que apenas um ou outro de fato contribuiu diretamente no estudo, parecem ser observações pertinentes na discussão sobre má conduta e ocorrência de plágio em trabalhos científicos.

A sistematização das reflexões desenvolvidas neste livro está estruturada em cinco capítulos: introdução, o plágio acadêmico, caracterização da autoria, a especificidade da autoria científica e conclusão.

Na **introdução**, é apresentado o delineamento do objeto de estudo com a especificação do problema de pesquisa, estabelecimento dos objetivos e justificativa quanto à relevância, resultados esperados e contribuição acadêmica do estudo, bem como a descrição do delineamento metodológico da investigação. No **Capítulo 1**, o plágio acadêmico é apresentado como um assunto complexo e desafiador que vem sendo pesquisado e enfrentado no Brasil e no restante do mundo. Assim, o capítulo traz um panorama sobre a história do plágio, sua especificidade no âmbito acadêmico, alguns dados de pesquisas internacionais e nacionais, demonstrando-se suas implicações e limitações. Nesse sentido, o capítulo evidencia que o plágio é um problema caracterizado essencialmente como uma falha no processo autoral, o que pode acontecer de forma intencional ou acidental; é um fenômeno desafiador porque tem se apresentado de forma perene no meio acadêmico; envolve toda a comunidade educativa (alunos, professores e gestores, entre outros); é um problema complexo porque está diretamente relacionado à concepção de autoria, uma noção dependente do contexto histórico.

No **Capítulo 2**, é aprofundada a reflexão sobre o plágio a partir de sua antinomia, isto é, a concepção de autoria. A reflexão é então desenvolvida a partir da recuperação da origem histórica do termo e das discussões realizadas em torno desse assunto por especialistas como Roger Chartier e Michel Foucault, entre outros. As ideias apresentadas neste capítulo estabelecem alguns parâmetros preliminares para a análise da especificidade da autoria científica, assunto discutido no **Capítulo 3**, o qual se refere a uma modalidade autoral com características distintas da autoria literária. Nessa reflexão são articuladas as ideias de debatedores como Gilles-Gaston Granger, George Steiner, Abraham Moles, Mario Biagioli e Elinor Ostrom, entre outros, que não obstante a pertinência e importância das contribuições dadas, contudo não exauriram as dificuldades relacionadas ao assunto como o caso da determinação dos critérios, definidores de um autor científico, bem como os problemas relacionados aos processos autorais coletivos como conflitos de interesses, o que, em suma, são aspectos que em conjunto concorrem para a aferição da qualidade e da integridade do texto acadêmico.

Na **conclusão,** sustenta-se a argumentação de que o plágio no âmbito acadêmico entendido como uma falha autoral não se esgota na noção de infração de Direitos Autorais patrimoniais e tampouco pode ser enfrentado simplesmente como um problema exclusivamente do aluno ou do pesquisador. Trata-se de uma questão educacional e acadêmica, que precisa ser enfrentada de maneira mais propositiva do que punitiva. Nesse sentido, discute-se que a constituição de processos autorais legítimos e íntegros resulta, por um lado, de estratégias de alfabetização e treinamento autoral que podem fazer parte da vida acadêmica desde as etapas educativas mais precoces no âmbito da educação básica, o que tem a ver inclusive com o desenvolvimento e cultivo da produção autoral científica como prática criativa subjetiva. Mas, por outro lado, enfatiza-se que a discussão relacionada ao plágio e à autoria precisa considerar aspectos mais profundos e importantes, os quais se referem às interações existentes entre as ideias de plágio e autoria; as especificidades do texto literário em comparação com o texto científico; as características de autoridade e responsabilidade no processo autoral; as distinções entre propriedade patrimonial e moral; e as relações entre ética (leis morais) e técnica (normas e diretrizes).

1

Plágio: um assunto complexo e desafiador

Em torno do séc. I a. C., havia uma prática social criminosa entre os romanos cujas vítimas eram cidadãos que tinham poucos vínculos familiares ou não eram muito conhecidos socialmente, geralmente ex-escravos que haviam conquistado a liberdade. Tais sujeitos corriam o risco de cair nas mãos de um sequestrador (*plagiarius*, no idioma latino da época), e assim passavam de homens livres a escravos. Como não haveria ninguém para reclamá-los publicamente, essas pessoas tornavam-se propriedade alheia e objeto de uso ou negociação. Visando proteger tais cidadãos vulneráveis, o Direito Romano criou a *Lex Fabia et Plarigriis*, a partir da qual a expressão *plagium*[1] passou a corresponder à apropriação indevida de algo alheio (MANSO, 1987, p. 9). Assim surge historicamente a conotação do plágio como uma forma de propriedade fraudulenta, desonesta, dissimulada, que passou a ser regulada por lei específica. Entretanto, Manso (1997) observa que provavelmente foi o poeta romano Marcial[2] (40? d. C. – 104? d. C.) quem inicialmente recorreu à dita lei para reivindicar a propriedade não sobre alguém, mas de sua obra: certos poemas que estavam sendo declamados por um tal Fidentine como se fossem dele.

---

[1] Em grego, "*plágios, a, on oblíquo*, que não está em linha reta, que está de lado; transversal, inclinado, p. ext. que usa meios oblíquos; equívoco, velhaco" (HOUAISS, 2009).

[2] Marcial é a adaptação do nome latino do poeta Marcus Valerius Martialis.

Essa impressão é procedente, pois na tese desenvolvida por Leite (2008) sobre a obra de Marcial, a pesquisadora destaca que o poeta repetidas vezes refere-se a uma visada categoria de maus declamadores constituídos por fingidores que apresentavam poemas alheios como próprios. Por exemplo, verifica-se que no Epigrama 29 do livro I, Marcial dirige-se a Fidentine, seu alvo preferido, recomendando que caso tenha o desejo de ser reconhecido como o autor dos poemas alheios que estava declamando, que então os comprasse (MARTIALIS, 1867).

Depois de ironizar seus copiadores, Marcial procura o que pode ser considerado seus "direitos autorais", recorrendo às autoridades romanas da época:

> Commendo tibi, Quinctiane, nostros, Nostros dicere si tamen libelos possim, quos recitat tuus poeta. Si de servitio gravi queruntur, assertor venias, satisque praestes, et cum se dominum vocatibille, dicas esse meos, manuquemissos. Hoc si ter que qua ter que clamitaris, Impones plagiário pudorem (MARTIALIS, 1867).

A versão traduzida foi recolhida da obra de Manso:

> Eu lhe recomendo meus versos, Quintiano, se é que eu posso denominá-los assim, desde que eles são recitados por certo poeta que se diz seu amigo. Se (meus versos) se queixam de sua penosa escravidão, seja o seu defensor e o seu apoio; e se esse outro (poeta) se diz ser seu dono, declare que (os versos) são meus e que eu os publiquei. Se isto é proclamado repetidas vezes, você imporá vergonha ao plagiário (MANSO, 1987, p. 11-12).

Além do Epigrama 53, no Livro I, o poeta Marcial expressa sua indignação com o *plagium* de sua obra no Epigrama 54, referindo-se ao plagiário como ladrão: *fur es* (MARTIALIS, 1867, p. 24).[3]

---

[3] Os trabalhos elaborados por Manso (1997), Chistofe (1996) e Leite (2008) apresentam uma numeração diferente para os epigramas mencionados neste trabalho. Entretanto, observa-se que a numeração adotada aqui corresponde à consulta à fonte original reeditada (MARTIALIS, 1867) o que nos parece ser mais fidedigno.

Fica assim descrita a origem dos termos que caracterizam o objeto e sujeito em estudo neste trabalho: *plagium/plagiarius*. Enfatiza-se a correlação histórica que há entre plágio e fraude, o que é verificável nas definições do verbete na atualidade. De acordo com o *Dicionário Houaiss* (2009), plágio é o "ato ou efeito de plagiar; apresentação feita por alguém, como de sua própria autoria, de trabalho, obra intelectual etc. produzido por outrem", definição semelhante a que é encontrada no Dicionário Aurélio: "Assinar ou apresentar como seu (obra artística ou científica de outrem). Imitar (trabalho alheio)" (FERREIRA, 1986, p. 249). De acordo com o *Cambridge dictionary, plagiarize* significa "usar (ideia de outra pessoa ou uma parte do trabalho dela) e fingir que isto é seu" (CAMBRIDGE, 1995, p. 1.074, tradução nossa).[4] No *Oxford Dictionary* o termo *plagiarism* corresponde a "apropriação ilegal e publicação como se fosse própria" (ONIONS, 1996, p. 685).[5] Encontramos ainda acepções do termo nos dicionários internacionais conforme levantamento realizado por Christofe (1996):

> Plagium: vol d'homme, plagiat. Emprunt du gr. plágion. De lá: plagiarius (clas.) qui mancipium uel pecus alienum distrahit seducendo [...]; qui induce pueros et seducit servos. Le sens de "plagiaire" apparait dans Martial I, 53. (ERNOUT, A.; MEILLET, A. Dictionnaire Etymologique de La Langue Latine. Paris, Klinksieck, 1951).
>
> Plagiarius: 1. Est qui mancipia aliena sollicitat, cellat, supprimit, item qui liberum hominem sciens emit, abducit, inuitum in servitude retinet. 2. Transfertum as eum qui alieni libri se auctorem praedicat. V. Marcial. (FORCELLINI, Lexicon Totius Latinitatis, 1940).
>
> Plagiaire: [...] Personne qui utilize les ouvrages d'autrui en les démarquant et en s'en appropriant le mérite. Contrefacteur, copiste, pillard, piller, pirate. (LE ROBERT, Dictionnaire de La Langue Française, 1985).
>
> Plàgion (pl.àgi): appropriazione dell'opera o di parte di un opera artística, letteraria o scientifica altrui, per spacciarla

---

[4] *"To use (another person's idea or a part of their work) and pretend that it is your own"* (CAMBRIDGE, 1995, p. 1.074).

[5] *"Appropriation and publication as one's own"* (ONIONS, 1996, p. 685).

como propria/ p. est. Anche l'opera plagiata/ T. stor. Reato di chi comprava um uomo libero i lo teneva o vendeva per servo, o di chi traficava e persuadiva alla fuga il servo altrui./ T. giur. Reato di chi sottopone alcuno al próprio potere, in completa soggezione. (PALAZZI, F. Dizionario dela Lingua Italiana, 1980). (apud CHRISTOFE, 1996, p. 22-23).

Observa-se em todas as definições que o plágio é entendido como uma modalidade de fraude, caracterizado pela apropriação de obra alheia, na qual estão envolvidos basicamente dois sujeitos: o autor original e o plagiário reprodutor. Entretanto, cabe discutir que esta conotação do plágio tem alcance insuficiente em relação aos seus desdobramentos e implicações no meio acadêmico. Entenda-se o porquê: do ponto de vista jurídico, a ideia convencional de que o plágio é um roubo de autoria é o princípio do qual são derivadas as legislações, que visam à proteção dos direitos do autor como, por exemplo, no Brasil: a Constituição Brasileira de 1988 estabelece que "aos autores pertence o direito exclusivo de utilização, publicação ou reprodução de suas obras [...]" (BRASIL, 1988); a lei brasileira dos Direitos Autorais (BRASIL, 1998) considera contrafação reproduzir qualquer obra sem autorização do respectivo autor; e o Código Penal estabelece que o crime de violação de direito autoral ou conexos pode ser punido com multa ou detenção de três meses a um ano (BRASIL, 2008).

Em todos esses casos, fica resguardado o direito de uma pessoa física ou jurídica que tendo concebido originalmente uma obra (intelectual, artística, tecnológica, comercial etc.), a mesma não venha a ser usurpada por outrem e apresentada como própria. Nesse caso, o autor que se sentir lesado tem o direito preservado de recorrer à justiça. Há inúmeros casos relacionados a isso acontecendo ao mesmo tempo ao redor do mundo nas diferentes áreas, mas principalmente naquelas que envolvem interesses financeiros, como a guerra da Apple contra a Samsung na justiça americana por infração de patentes; a denúncia da empresa brasileira de cosméticos Natura no Conselho Nacional de Autorregulamentação Publicitária (CONAR) contra uma linha de produtos da concorrente Jequiti; e o caso em análise no Instituto Nacional de

Propriedade Intelectual envolvendo a empresa Diageo e um grupo de fabricantes brasileiros de cachaça artesanal.

Contudo, da mesma maneira que a legislação garante a preservação dos direitos autorais de quem cria obra original, permite que o autor autorize, ceda, venda sua obra a terceiros, enfim, utilize a sua obra da forma que quiser, o que juridicamente é entendido como direito patrimonial da obra. Entretanto, o direito moral sobre a criação é entendido pela Lei como algo indistituível, pois na tradição jurídica é consolidada "a verificação de que é geral o reconhecimento puro e simples de que a paternidade só pode ser atribuída ao criador da obra [...]" (CHAVES, 1995).

Sendo assim, pode-se ironicamente conceber que o autor de um trabalho acadêmico – uma obra intelectual –, pode ceder para um amigo tal relatório de pesquisa para que ele o utilize como desejar. Então, esse amigo apropria-se desse trabalho feito por outra pessoa (que abriu mão dos seus direitos) e apresenta para uma disciplina ou instituição de ensino, como se fosse dele. É o que acontece também com os indivíduos que compram trabalhos feitos por empresas cujo negócio é justamente esse: produzir e vender trabalhos acadêmicos. Tais trabalhos são apresentados para professores e instituições como resultados do esforço acadêmico daquele que se apresenta como autor, quem ganhou ou pagou pelo trabalho e pode chamá-lo de seu, mesmo considerando a intransmissibilidade da autoria moral, pois como o jurista Antônio Chaves (1995, p. 278) bem observou, é "fato que escritores 'fantasmas' sempre existiram e continuarão pelo tempo afora, numa prática cada vez mais frequente e difícil de ser reprimida" e tais pessoas não se importam de maneira alguma com a alienação moral de sua criação, pois o interesse material sobrepõe-se ao reconhecimento da autoria. Acrescenta-se a isto a perenidade da observação de Chaves (1995), de que um autor fantasma invariavelmente não assume ser o criador de uma obra apresentada por outro porque assim perderia a reputação de seu trabalho diante da clientela que poderia temer a qualquer momento semelhante reivindicação da autoria.

Portanto, parece claro que na circunstância de um trabalho acadêmico cedido por um amigo ou mesmo comprado de terceiro e que passa a ser apresentado como próprio, a aplicação da lei é inócua, pois o autor original não reivindica seu direito, pois de livre e espontânea vontade fez com a sua obra o que queria. Portanto, juridicamente não há problemas ou implicações envolvidas, pois a prática apresentada é de comum acordo e, consequentemente, não poderia ser taxada de plágio: não existe um autor reclamando seu direito! Não obstante, fica explícita na situação apresentada a condição de fraude, o que não tem a ver com o autor e nem com o reprodutor, mas especialmente com o leitor, ou seja, o professor ou a instituição que recebe o trabalho entregue por um acadêmico pressupõe que o mesmo seja expressão e resultado de seu esforço e desenvolvimento intelectual. Na academia, considera-se que a obra entregue por alguém identificada com o seu nome corresponde à sua autoria. Contudo, nessas circunstâncias, isso não é verdadeiro. Há que se recorrer nesse caso ao sentido grego do termo que identifica o plágio com o termo oblíquo, àquilo que não está em linha reta, está enviesado, fora de foco, por extensão, algo equivocado, velhaco (HOUAISS, 2009).

Então, cabe discutir é que o problema do plágio no âmbito acadêmico tem menos a ver com os aspectos jurídicos (cumprimento das leis) e diz respeito mais aos princípios éticos envolvidos. Dessa forma, argumenta-se que um trabalho acadêmico cedido por terceiros é apresentado como sendo o próprio constituidor do plágio, entendido como uma fraude, uma desonestidade, um ato de má-fé, que ocorre porque quem recebe o trabalho acredita que o responsável autoral é o acadêmico que entrega a obra intelectual como própria, caracterizando materialmente suas habilidades e competências em relação ao conhecimento, mas que verdadeiramente não lhe pertence, não o identifica. Consequentemente, tal dissimulação desdobra-se na enganação do professor que acompanha o trabalho, na fragilização do processo de avaliação, na obstrução da crença na seriedade do ensino e da aprendizagem e no comprometimento da credibilidade e reputação da instituição. Todas essas consequências indesejáveis e prejudiciais até poderiam ser enquadradas judicialmente como crime de falsidade ideológica do pseudoautor, mas acima de tudo são ações que não escapam ao crivo da reprovação pública, pois caracterizam aqueles tipos de coisas consensualmente inaceitáveis.

As considerações apresentadas até aqui esclarecem que o plágio é um fenômeno antigo, que se manifesta na sociedade em diferentes áreas e situações, mas adquire contornos específicos no meio acadêmico. Nessa área, inclusive, tem sido observado o plágio como um problema que foi intensificado pela sociedade da informação, devido ao desenvolvimento das novas tecnologias de comunicação, bem como de equipamentos e procedimentos facilitadores no acesso e utilização de conteúdos (HANSEN, 2003; TOWNLEY; PARSELL, 2005; MCCORD, 2008).

Contudo, da mesma forma que a prática de copiar e colar foi amplificada com o avanço tecnológico, as possibilidades de detecção do plágio também aumentaram. A Internet vem se constituindo como a vitrine da humanidade, onde boa parte do cotidiano da vida das pessoas se desenrola, seja nos círculos de amizade, nas relações profissionais, nas operações bancárias ou comerciais, bem como na circulação de ideias e exposição da produção de conhecimentos. Então, por meio da rede mundial de computadores, hoje se tornou muito mais fácil acessar e obter informações diversificadas e relacionadas às pessoas. Foi por meio da Internet que o mundo inteiro ficou sabendo que parte da tese de doutorado do ex-ministro da defesa alemão, Karl Theodor-zu Guttenberg tinha sido plagiada (G1, 2011); foram levantadas suspeitas de plágio na tese de doutorado do presidente húngaro Pál Schimitt defendida há mais de 20 anos levando-o a renunciar (PRESIDENTE, 2012); e foi constatada reprodução de imagens de microscópio eletrônico em um trabalho científico publicado em 2007 por uma doutora recém-titulada (TAKAHASHI, 2011). Esses casos também são adequados para notar que o plágio acadêmico é um problema global e atinge pessoas em diferentes posições.

Enfim, todos esses fatores arrolados até aqui parecem suficientemente demonstrar que o fenômeno em discussão é um assunto que requer pelo menos duas linhas diferentes de abordagem: é um problema complexo e desafiador.

1.1 O plágio como um assunto complexo e desafiador

Estudos realizados sobre o plágio acadêmico já verificaram que estudantes e pesquisadores compartilham minimamente a clareza conceitual sobre o que é considerado plágio, apesar de demonstrarem dificuldades para identificá-lo ou distingui-lo a partir de exemplos de textos que configuram plágio (FACHINI; DOMINGUES, 2008; BARBASTEFANO; SOUZA, 2008; KROKOSCZ; PUTVINSKIS, 2013). A partir daí já se pode perceber que o problema é mais complexo do que parece e em função disto, descreve-se a seguir uma breve taxonomia do plágio. Inicialmente, observa-se o plágio como um fenômeno que pode ser classificado em áreas suscetíveis, níveis de ocorrência, categorias de envolvimento e tipologia de manifestação. A partir da análise de cada uma dessas categorias fica evidente a complexidade que caracteriza o fenômeno do plágio.

1.1.1 Áreas de ocorrência do plágio

A primeira classificação sugerida refere-se às áreas suscetíveis à ocorrência do plágio. A mais antiga delas ocorre na literatura, área na qual o poeta Marcial foi o pioneiro na observação de que sua obra estava sendo apresentada por outros como se fossem deles. A partir de então, durante toda a história até os dias atuais, o plágio continua a ser um problema na área da literatura. Autores famosos na literatura já estiveram envolvidos em casos de plágio. Diz-se que 80% da obra *Ricardo III* de Shakespeare foi plagiada (SCHNEIDER, 1990, p. 50), que Alexandre Dumas pagava a colaboradores para que escrevessem parte de suas obras, chegando a suspeitar-se que a totalidade de *Os três mosqueteiros* tenha sido escrita por outros, mas apresentada publicamente como se fosse de Dumas (CHAVES, 1995, p. 280) e muitos casos de plágio de obras de autores consagrados como Olavo Bilac, Malba Tahan, Eça de Queiroz entre outros são detalhadamente apresentados por Décio Valente (1986). Na música e no cinema há casos atuais repercutindo na mídia, envolvendo artistas como Angelina Jolie, a banda Coldplay e a apresentadora Xuxa Meneghel. Nos negócios, a apropriação indevida de obra alheia refere-se ao uso de marcas registradas, patentes, inovações tecnológicas etc. Durante o ano de 2012 vieram a público os casos envolvendo as empresas Apple × Samsung, Natura × Jequiti e a Cachaça João Andante × Diageo. Em 2012, também aconteceu o II Seminário *Fashion Law* no Brasil, evento criado com a finalidade de discutir direito autoral na área da Moda fomentando a reflexão e a informação sobre a importância da preservação do direito de criação de joias, perfumes, roupas etc. Também no campo do jornalismo o assunto vem se tornando uma preocupação e demandando reflexão por meio de organismos relacionados à atividade dessa classe profissional (MARCOVIK, 2012).

Em todas essas áreas a percepção do plágio está relacionada diretamente às leis de direitos autorais que visam proteger as obras e seus criadores da apropriação indevida por outros, que no caso brasileiro corresponde à Lei 9.610/98. Em geral, do ponto de vista jurídico, a autoria e o plágio referem-se a dois personagens: o autor × o contrafator. Do ponto de vista jurídico, o autor é quem possui o direito patrimonial e moral sobre a obra criada.

> Os direitos autorais são de natureza complexa, porque envolvem aspectos morais, como, por exemplo, o direito de reivindicar a autoria de uma obra ou de mantê-la inédita, e aspectos patrimoniais, como o direito de receber os seus frutos econômicos. Como direitos morais, os direitos autorais são, por sua própria natureza, intransmissíveis a terceiros e de natureza não econômica. Como direitos patrimoniais, são transmissíveis a terceiros e de natureza econômica, e somente esses aspectos patrimoniais do direito do autor cessam, decorridos setenta anos da publicação da obra. Essa ambiguidade gera a necessidade de se recorrer a técnicas de proteção com algumas peculiaridades. No Brasil, essas técnicas estão previstas na Lei de Direitos Autorais (Lei 9.610/1998) e no Código Penal (Decreto-lei 2.848/1940) (GALUPPO, 2011).

Quando a obra do autor é apresentada por outro (plagiador) como se fosse própria, sem que o autor original seja recompensado patrimonialmente pelo uso de sua obra e sem que seu nome seja vinculado a tal obra por meio da atribuição de criação mediante citação de seu nome (reconhecimento moral), configura-se assim o que é chamado de contrafação, isto é, a reprodução não autorizada (art. 5º, VII), dispositivo legal por meio do qual se protegem os direitos morais e patrimoniais do criador de obra intelectual, artística, industrial etc. É considerado contrafação.

> a pirataria, a apropriação de obra alheia e o plágio. A pirataria viola primariamente direitos patrimoniais do autor da obra, e consiste na comercialização de cópias não autorizadas da mesma. A apropriação de obra alheia e o plágio violam direitos morais ligados à autoria da obra (GALUPPO, 2011, p.1)

Então, assim ficam protegidos legalmente a obra e o autor da usurpação seja material ou simbólica, que pode ser cometida por outra pessoa. É dessa maneira que se legitima a possibilidade que os autores têm de reivindicar juridicamente o direito a sua proteção e de sua obra nas diferentes áreas até aqui mencionadas.

Isso também vale para o âmbito científico/acadêmico, contudo observa-se nessa área uma especificidade que vai além do alcance da lei. Embora o direito de criador de obra intelectual seja protegido pelas mesmas leis de direitos autorais que defendem os autores de literatura, artes etc., no processo de criação e apresentação de uma obra científica há a existência e participação de um terceiro personagem: o leitor.

Enquanto nas áreas comerciais, artísticas, industriais, entre outras, o recurso jurídico é acionado prevalentemente pelo autor que reivindica seus direitos apropriados de forma indevida por um contrafator, na área acadêmica a fraude também se constitui pela dissimulação da autoria, cujo escopo fundamental é enganar o leitor quem recebe a obra científica do plagiador sem saber que ele não é o criador da mesma. Do ponto de vista jurídico pode ser que isto não implique em uma ilegalidade se se considera que o autor original pode ceder seus direitos de criação da obra a outra pessoa, por exemplo, um amigo, ou vender a alguém que esteja interessado em comprar seus serviços de redação, situações que podem ser exemplificadas pelo compartilhamento de trabalhos entre amigos e pela comercialização de trabalhos acadêmicos, facilmente encontrados na Internet.

Então, se o autor vende ou cede os direitos patrimoniais de sua obra a uma outra pessoa com o pacto de não reclamar judicialmente e ainda que o art. 27 da Lei 9.610/98 legisle que "os direitos morais do autor são inalienáveis e irrenunciáveis", se o mesmo autor não exige que seu nome seja indicado na obra, parece não haver juridicamente o que possa ser feito, pois aí se constitui o papel do *ghost-writer*, a condição de escritor fantasma assinalada pelo jurista Antônio Chaves como uma categoria de escritores que "sempre existiram e continuarão pelo tempo afora, numa prática cada vez mais frequente e difícil de ser reprimida" (CHAVES, 1995, p. 278).

Contudo, na área acadêmica, se considera plágio um relatório de pesquisa entregue em nome de uma determinada pessoa para um professor, orientador, editor ou instituição, sem que eles saibam que tal trabalho foi feito por outra pessoa, diferente da indicada no trabalho. Da mesma forma se considera plágio (fraude) a compra de trabalhos acadêmicos feitos por outros, e que são entregues como se tivessem sido redigidos por quem os está entregando. Em ambas as situações, **o autor** original abre mão de seus direitos patrimoniais e não reivindica seus direitos morais em nome da amizade que tem com **o contrafator** ou simplesmente porque vendeu esses direitos por um valor combinado reciprocamente. Contudo, quem recebe o trabalho (**o leitor**) não sabe desses acertos e julga que o criador da obra é quem a está entregando constituindo-se assim uma fraude na qual o leitor é o principal prejudicado.

Assim, fica evidenciado que o plágio pode acontecer nas mais diversas áreas, contudo adquire uma especificidade na área acadêmica, tornando-o um problema que extrapola o alcance da lei, configurando-o com uma complexidade que não se trata simplesmente de uma questão jurídica, pois como observa o advogado Eduardo Senna "nem a universidade nem o professor podem entrar com uma ação contra o aluno. O dono da obra é quem pode processar. Por isso que é muito difícil de coibir isso e a história fica só no meio acadêmico" (UNIVERSIA, 2005).

Considerando esta distinção do plágio no âmbito acadêmico e aprofundando a reflexão, pode-se constatar o aumento da complexidade relacionada a este fenômeno, pois dependendo do nível acadêmico, os aspectos que caracterizam o plágio adquirem nuances particularizadas.

1.1.2 Níveis de ocorrência do plágio no âmbito acadêmico

Aprofundando a reflexão sobre a complexidade do plágio na área acadêmica, pode-se verificar que nos diferentes níveis de ensino (educação básica, ensino de graduação, ensino de pós-graduação) e pesquisa, o plágio acadêmico tem características diferentes, identificáveis a partir da peculiaridade das formas de ocorrência.

Observa-se que na educação básica a compreensão sobre o processo de pesquisa e produção de trabalhos acadêmicos tem uma conotação específica e distinta dos outros níveis de ensino e pesquisa. Nas séries iniciais, quando o aluno está passando pelo processo de aprendizagem da escrita a atividade de cópia textual é um procedimento útil e mesmo necessário para o desenvolvimento do hábito da escrita e familiarização com palavras, frases, períodos, gêneros e estilos textuais. No processo de letramento, o aluno precisa ter a oportunidade da cópia para exercitar a prática da escrita. Nesse caso, os professores estão com a atenção voltada para o desenvolvimento da escrita, que é o fim da ação docente. Portanto, o foco não está na identificação da fonte consultada ou do autor que escreveu o texto, o que pode ser feito em uma etapa seguinte, quando o aluno já domina a arte de escrever. Nesse sentido, Bakhtin (2000, p. 405), por exemplo, considera que

> As influências extratextuais têm uma importância especial nas primeiras fases da evolução do homem. Essas influências se envolvem na palavra (ou outros signos), e tal palavra é a dos outros, e, acima de tudo, a da mãe. Depois disso, a "palavra do outro" se transforma, dialogicamente, para tornar-se "palavra pessoal-alheia" com a ajuda de outras "palavras do outro", e depois, palavra pessoal (com, poder-se-ia dizer, a perda das aspas).

Assim, depois das séries iniciais, quando o estudante já aprendeu a produzir seu próprio texto, a prática da cópia, isto é, da imitação ou da repetição, deveria ser abandonada e a escrita passar a ser utilizada como meio de expressão e comunicação dos conhecimentos obtidos na escola. Contudo, o que acontece nessa fase que corresponde à segunda etapa do ensino fundamental é que o estudante passa a desenvolver os primeiros trabalhos de levantamento bibliográfico sobre os mais diversos temas, porém ao invés da escrita ser um meio de comunicação dos conhecimentos obtidos, ela continua como uma ferramenta de cópia e reprodução da produção alheia, numa prática que acaba por ser mantida até a conclusão do ensino médio.

Entretanto, é necessário reconhecer a existência de estratégias eficazes no desenvolvimento da habilidade da escrita e da originalidade como resultados da promoção autoral entre estudantes da educação básica. Exemplo disto é a tese desenvolvida por Fornazieri (2005) sobre a temática da criação textual. Para ela, a formação autoral do estudante do ensino médio é uma tarefa que se inicia com a constituição da identidade do sujeito que escreve por estar ligado diretamente ao reconhecimento e ao cultivo de valores como a verdade, a justiça, o bem, pois cada um escreve a partir daquilo que é. Porém, Fornazieri defende que este processo de transformação em narrativa da "dor e delícia que cada um traz em si" (parodiando Caetano Veloso na música "Dom de iludir") faz parte de um processo de desenvolvimento educativo que além da formação da identidade do sujeito-autor, requer o reconhecimento da autoridade de quem exerce o papel de fazer o outro crescer e da tradição como fonte de valores e inspiração criativa.

Não obstante, a condição de escrita do estudante brasileiro caracteriza-se muito mais como um hábito desvirtuado de composição textual, marcado mais pela reprodução do que pela criação. Isso foi constatado por Marta Melo de Oliveira (2007) na dissertação de mestrado intitulada "plágio na constituição de autoria", a qual foi fundamentada nas contribuições de pesquisadores da área de Letras, como, por exemplo, Pécora (2002, p.16). Para ele, "as instituições de ensino falseiam o exercício da escrita, cristalizando o discurso na prática da repetição de modelos textuais do agrado do docente"; Salomon (2001, p. 259-260) considera a pesquisa escolar uma "atividade de transcrição cega de textos superficialmente consultados e que resulta num trabalho cuja apresentação material e quantidade de páginas predominam como critérios de valoração". Garcez (1998) argumenta que "um bom texto para a maioria dos professores é aquele que tem uma apresentação adequada como boa caligrafia e margens e, principalmente, correção gramatical" (apud OLIVEIRA, 2007, p. 44).

A partir daí, Marta de Oliveira (2007) discute que a ocorrência do plágio é um processo de reificação de um hábito cristalizado na educação básica devido ao desconhecimento dos estudantes de técnicas e estratégias de composição textual como a sumarização, processo que consiste em identificar e selecionar as informações essenciais de um texto e apresentá-las na forma de síntese em um novo texto. Então, o estudante de graduação traz uma formação deficitária na sua habilitação autoral que deveria ter sido desenvolvida na educação básica e acaba mantendo no ensino superior a prática da reprodução textual, a qual habitualmente fazia nas escolas de ensino fundamental e médio. Somada a isso, a ausência de incentivo e rotina de leitura de textos de revistas científicas e trabalhos acadêmicos, como dissertações e teses, contribui para a manutenção do estudante no ensino superior em uma condição de desconhecimento da forma de um texto científico, de modo que sequer familiariza-se com tais modelos de estruturação de um trabalho acadêmico.

Contudo, é no âmbito do ensino superior que mais se têm produzido pesquisas sobre o plágio, e os resultados obtidos têm mostrado que um dos motivos mais alegados pelos estudantes para a prática do plágio é a falta de tempo, o que pode estar atrelado às mais diversas situações como a simples procrastinação, ao volume exagerado de trabalhos acadêmicos exigidos nas diferentes disciplinas, bem como dificuldades de conciliar diversas atividades com os estudos como, por exemplo, trabalho, vida pessoal e social. Mas, além disso, outra hipótese para a ocorrência do plágio em nível de graduação pode estar ligada ao desinteresse científico do jovem estudante. Embora ainda não sejam conhecidas evidências empíricas que permitam afirmar isso categoricamente, os indícios podem ser suficientes para justificar a pertinência dessa ideia.

Acontece que no Brasil o ensino superior ainda é frequentado por um percentual baixo de estudantes na faixa etária dos 19 a 24 anos e de alguns anos para cá vem sendo implementado um conjunto de esforços governamentais para a ampliação dessa população na graduação. Além da abertura de novas universidades públicas, incentivos sociais como cotas e a concessão de bolsas têm permitido o aumento do ingresso dos jovens no ensino superior. Por outro lado, a iniciativa privada verificou uma demanda desses jovens pelo ensino de graduação, o que contribuiu para que a educação superior se tornasse um grande negócio. Há universidades com tantos alunos que nas praças de alimentação de algumas dessas instituições se tem a impressão de estar em um *shopping* e até mesmo há universidades localizadas em *shoppings*. Então há de um lado, um grande incentivo para que mais calouros ingressem no ensino superior e, de outro, muitos jovens querendo fazer um curso superior cujas motivações fundamentais sejam aumentar as chances de empregabilidade e do poder aquisitivo. Portanto, de modo geral, essa população não está interessada na carreira acadêmica ou na produção de conhecimento, pois encara o ensino de graduação principalmente como uma exigência de qualificação requerida pelo mercado de trabalho. Assim, a realização de trabalhos científicos acaba sendo apenas mais uma tarefa a ser cumprida, não porque seja a culminância de um processo de pesquisa, mas porque é pré-requisito para a conclusão da maioria dos cursos de ensino superior. Assim, pode-se pensar que o mais importante é ter o trabalho feito, mas não necessariamente preocupar-se em fazê-lo de acordo com as regras acadêmicas ou, em alguns casos, sequer existe esta preocupação, pois há diversas possibilidades de encontrar ou comprar trabalhos prontos.

Da mesma maneira que o problema do plágio no ensino superior é diferente da educação básica, pois as razões de ocorrência não são inteiramente coincidentes, também adquire uma especificidade em sua forma de manifestação em nível de pós--graduação *stricto sensu*. Entre ambos os cursos superiores existe uma distinção: enquanto os cursos de graduação estão focados na tarefa de ensino, o escopo da pós-graduação é a realização de pesquisa. Tanto é que em muitas instituições de ensino de graduação uma entre as poucas oportunidades que o estudante possui de realização de atividades de pesquisa corresponde à realização do Trabalho de Conclusão de Curso (TCC) o qual consiste numa monografia ou relatório de pesquisa de campo sobre algum assunto relacionado à área de estudos do aluno. Enquanto isto, nos cursos de pós-graduação *stricto sensu*, a formação e a prática de pesquisa é uma tarefa cotidiana e que geralmente resulta em trabalhos científicos que são apresentados em eventos ou publicados. Além disso, enquanto o enfoque do aluno de graduação está mais voltado para a profissionalização e entrada no mercado de trabalho, a pós-graduação oferece a perspectiva da carreira acadêmica como docente no ensino superior ou pesquisador. Por causa desse enfoque na pesquisa e o escopo de produção científica, naturalmente espera-se que o estudante de pós-graduação tenha mais familiaridade e esteja mais preparado em relação aos procedimentos metodológicos relacionados à pesquisa científica, bem como em relação às regras e formas de escrita acadêmica. Entretanto, estudo realizado por Fachini e Domingues (2008) com estudantes de pós-graduação verificou que existe pouco esclarecimento deste público em relação ao plágio, embora metade dos participantes do estudo tenham respondido que receberam algum tipo de orientação em relação a isto. Não obstante, os pesquisadores propuseram um exercício de identificação da forma correta de utilização de um fragmento textual do livro Teoria da Contabilidade, de Hendriksen e Van Breda (1999, p. 208). No Quadro 1.1, primeiro foi apresentado o fragmento original e depois dois exemplos de paráfrases.

Quadro 1.1 *Texto original e paráfrases*

Texto original
O conceito operacional corrente de lucro concentra-se na mensuração da eficiência da empresa. O termo eficiência diz respeito à utilização eficaz dos recursos da empresa na realização de suas atividades e na geração de lucros.
Paráfrase 1
A mensuração da eficiência da empresa é o alicerce do conceito operacional corrente de lucro. A eficiência mencionada tem relação com a eficaz utilização dos recursos da organização na efetivação de suas operações e na consecução dos lucros.
Paráfrase 2
O conceito operacional corrente de lucro concentra-se na mensuração da eficiência da empresa. O termo eficiência diz respeito à utilização eficaz dos recursos da empresa na realização de suas atividades e na geração de lucros. Hendriksen e Van Breda (1999).

Fonte: Fachini e Domingues (2008, p. 11).

As duas paráfrases sugeridas são inválidas. Na primeira, não consta a indicação da autoria da fonte consultada. Na segunda paráfrase, apesar da autoria estar indicada no texto proposto, frases inteiras foram reproduzidas literalmente e deveriam ter sido colocadas entre aspas.

Parafrasear um texto significa comunicar uma mensagem de acordo com a fonte original, mas utilizando uma estrutura textual diferente. Isto é ensinado aos estudantes do *Massachusetts Institute of Technology* (2007, tradução nossa) da seguinte maneira:

- troque as palavras originais por sinônimos;
- mude a estrutura da sentença (por exemplo, invertendo períodos);
- troque a voz passiva para a ativa e vice-versa;
- reduza frases em alguns parágrafos;
- mude algumas partes da narrativa original.

Seguindo esses procedimentos, a partir do texto sugerido, a paráfrase poderia ser:

Quando os recursos de uma empresa são utilizados de forma eficaz nas suas atividades e na produção de lucros se alcança a eficiência que mensurada representa o "conceito operacional de lucro" (HENDRISKEN; VAN BREDA, 1999).

Nota-se que os termos essenciais de uma frase, período ou parágrafo quando se faz uma paráfrase, continuam sendo utilizados e que nesse caso são as palavras lucro, eficácia/eficiência, empresa. Entretanto, tais termos são rearranjados dentro de um texto que é estruturalmente diferente: mantém-se o conteúdo, mas altera-se a forma.

Entretanto, foi solicitado aos participantes do estudo que identificassem qual paráfrase era válida, em qual deveria ter sido feito uma citação indireta e em qual deveria ter sido feito uma citação direta. As respostas obtidas foram apresentadas por Fachini e Domingues (2008) conforme constam da Tabela 1.1.

Tabela 1.1 *Respostas dadas para as paráfrases do Quadro 1*

	Paráfrase 1	Paráfrase 2
Sim, é válida.	22,41%	13,79%
Não, deve-se usar a citação indireta.	65,52%	5,17%
Não, é necessária citação direta com o uso de aspas.	0,00%	67,24%
Não respondeu.	12,07%	13,79%

Fonte: Fachini e Domingues (2008, p. 11).

Os resultados obtidos pelos pesquisadores evidenciam que cerca de 30% dos respondentes não têm clareza sobre a forma requerida para a elaboração de paráfrases, seja por considerar válidos exemplos que eram inválidos, bem como por não responder ou por escolher a resposta errada. Essas evidências denotam que no âmbito da pós-graduação o problema do plágio parece ser de natureza técnica, ou seja, o estudante não domina suficientemente as regras de escrita científica, quanto à indicação das fontes utilizadas, uma falha com implicações diretas na ocorrência do plágio. Note-se que, nesse caso, o plágio pode acontecer acidentalmente, ou seja, sem que o estudante perceba, pode cometer plágio. Entretanto, em outra investigação com estudantes de pós-graduação constatou-se que conhecimentos técnicos sobre as práticas de escrita acadêmica e orientação sobre o plágio não são garantias suficientes para que essa classe de estudantes tenha clareza sobre o que constitui o plágio, denotando haver uma dissociação entre conhecimento teórico e prático relacionado ao plágio (KROKOSCZ; FERREIRA, 2014).

Entre pesquisadores, o plágio também é um problema recorrente. Estudo publicado na revista *Nature* sobre má conduta científica realizado com 2.599 cientistas mostrou o plágio em terceiro lugar na lista de problemas verificados por pesquisadores entre seus pares (KOOCHER; KEITH-SPIEGEL, 2010). Esse estudo não identificou quais foram os motivos da ocorrência do plágio nos trabalhos desses pesquisadores; entretanto, no Brasil foi feito um estudo com a técnica de *focus group* com 16 cientistas de diferentes áreas (ciências biomédicas, física, química, engenharias, medicina e ciência da computação) e os resultados revelaram que o principal fator relacionado à possibilidade de ocorrência de plágio entre esse público refere-se à necessidade de publicar os relatórios de pesquisa em inglês, e a ausência de habilidades de escrita fluente, nesse caso, apresenta-se como uma das razões do plágio entre os pesquisadores (VASCONCELOS et al., 2009). Além disso, outro aspecto que pode ter implicações diretas na ocorrência de plágio em trabalhos publicados por pesquisadores profissionais é a pressão por produtividade científica, um fenômeno que tem sido observado porque a quantidade de publicações de um pesquisador é muitas vezes o critério utilizado para a obtenção de financiamentos e promoções (ANGELL,

1986). Na opinião de professores brasileiros como Luiz Menna-Barreto, Yaro Burian Jr. e Erney Plessmann de Camargo, a ocorrência de plágio em trabalhos de pesquisadores é uma decorrência direta dessa pressão (BIONDI, 2011).

Outro desdobramento dessa pressão é a chamada "Lei de São Mateus", lembrada pelo Professor Fredric Michael Litto. Trata-se de uma alusão ao versículo bíblico número 29 do capítulo 25 do livro de Mateus, no qual está escrito: "Pois a quem tem, mais será dado, e terá em grande quantidade. Mas a quem não tem, até o que tem lhe será tirado." A comparação destaca a necessidade e até mesmo exigência que existe dentro da academia para que a visibilidade e reconhecimento autoral sejam obtidos por meio de publicações. Entretanto, essas condições são forças imobilizantes pois quem já tem prestígio e reconhecimento, possui mais facilidade para indexação e publicação, caso de trabalhos de autores renomados com maior potencial de citação por outros. Ao mesmo tempo, trabalhos de autores novos, com pouca credibilidade, ficam à margem do sistema editorial, pois devido ao desconhecimento, acabam não obtendo repercussão de suas ideias e trabalhos dentro do contexto acadêmico. Esse é o desafio, por exemplo, não só de editores de novos periódicos que pleiteiam a indexação de suas revistas em sistemas de indexação que facilitam a recuperação da informação, mas também de novos pesquisadores que, para obterem acesso à comunidade científica, necessitam de uma apresentação ou apadrinhamento autoral que pode ser obtido, por exemplo, pela inserção de um nome de prestígio na comunidade científica em um novo trabalho publicado. Assim, é como se o autor renomado estivesse apresentando o novo autor para a academia, assinando em baixo ou compartilhando a responsabilidade pela discussão que está sendo apresentada.

Portanto, a complexidade do plágio também fica evidenciada pelas diferentes características que podem ser atribuídas a esse fenômeno por depender do nível de ensino ou pesquisa no qual se manifesta. A partir disso, pode-se supor que a eficácia das formas de enfrentamento dessa problemática depende do reconhecimento de suas características e da adequação das estratégias de ação de acordo com a especificidade na qual ocorre. E isso tem uma importância significativa, pois considerando a reflexão desenvolvida anteriormente é possível constatar duas categorias bastante distintas de manifestação do plágio acadêmico: trata-se de um problema que é reconhecido pelas principais instituições de ensino ao redor do mundo como algo que pode acontecer de forma intencional ou acidental (GENEREUX; MCLEOD, 1995; PECORARI, 2003; KROKOSCZ, 2011).

1.1.3 Categorias de envolvimento com o plágio

A primeira impressão que se pode ter em relação à ocorrência do plágio é que se trata de uma ação deliberada com o intuito de obter vantagens particulares por meio do trabalho feito por outros. Essa é a categoria tradicional de envolvimento intencional com o plágio, contudo, talvez não seja a mais comum.

Conforme já observado, quando a produção de um trabalho científico é entendida simplesmente como uma tarefa-meio, isto é, com vistas à obtenção de um objetivo-fim tal como receber boas notas, ter um diploma ou aumentar a produtividade científica, pode acontecer o plágio intencionalmente, seja por meio da cópia de trabalhos alheios, utilização de trabalhos cedidos por amigos, comprados ou até mesmo a reutilização dos próprios trabalhos em situações diferentes, caso de artigos científicos idênticos que são publicados em mais de um periódico sem que isso fique evidenciado ou trabalhos disciplinares iguais, os quais são submetidos pelo mesmo autor para avaliação em matérias ou cursos diferentes.

Na condição de prática intencional, o plágio é considerado pela literatura um ato consciente feito com o escopo de dissimular a autoria original (CHRISTOFE, 1996). Há quem chegue a considerá-lo uma "expressão de covardia criativa ou preguiça intelectual" (DINIZ; MUNHOZ, 2011) e até mesmo "um golpe estelionatário que em nada se diferencia das iniciativas encetadas por delinquentes comuns na intenção de enganar alguém para levar vantagem" (GOMES JR., 2011). Há casos de plágio intencional que também podem ser objeto de análise psicanalítica entendido como "um mecanismo de defesa do sujeito em buscar no outro a própria satisfação, o que é manifestado na inclinação latente de sempre acreditar que somente as coisas ou ideias dos outros são interessantes e não as próprias" (KRIS, 1951; KROKOSCZ, 2012c; LACAN, 1998; 2002).

Especificamente em relação à utilização do aparato psicanalítico lacaniano para a análise da ação intencional do plagiário, cabe destacar a constatação de que embora nem todo plagiário aja movido por uma demanda subjetiva mal resolvida, enfatiza-se que o recurso da teoria lacaniana pode ser aplicável quando o plágio precisa ser analisado na perspectiva do simbólico, isto é, quando na relação entre o significante (aquilo que estabelece o sentido) e o significado (aquilo que corresponde ao conceito) se alcança o preenchimento de uma falta. Dessa forma a prática do plagiarismo quando se manifesta como expressão de uma falta (necessidade ou carência subjetiva) pode ser adequadamente enfrentada em nível simbólico. Precisa ser interpretada não na perspectiva da prática em si, mas do ponto de vista das motivações, necessidades e interesses de um sujeito sequioso de reconhecimento, satisfação, gozo (KROKOSCZ, 2012c).

Além disso, é importante observar a falta de lisura entre acadêmicos que, por exemplo, cometem plágio, colam ou fazem outros tipos de trapaças. Não se pode negligenciar, pois isso é algo que também decorre da banalização da fraude, da ausência de um ambiente coletivo de integridade, da inexistência de controles, seja de professores ou de códigos de honra institucionais, bem como da falta de medidas punitivas (GENEREUX; MCLEOD, 1995; HARRIS, 2001; MCCABE et al., 2002; MCCABE; PAVELA, 2005; GOODMAN; MALLET, 2012).

Além da ambiguidade de interpretação possível sobre a ocorrência do plágio como uma decisão intencional, é necessário reconhecer que esse problema também pode acontecer de forma acidental, devido ao desconhecimento das regras de identificação das fontes utilizadas, dificuldades de redação e até mesmo desorganização dos materiais de pesquisa. Se durante o processo de levantamento bibliográfico e fichamento o responsável pelo trabalho acadêmico não realiza adequadamente a documentação das fontes, faz anotações sem controle do que é cópia, paráfrase ou ideias próprias, quando chega ao momento de redigir o texto pode ter dificuldades na seleção e identificação dos materiais que tem à disposição e assim incorrer na utilização indevida de ideias, imagens, frases etc. que são obras de outros autores. Em estudo realizado por Dias (2013, p. 6) verificou-se que "nem todo plágio se faz como trapaça. Há desconhecimento e dúvida do que venha a configurar plágio, de modo que as construções autorais sejam prejudicadas".

Tais constatações correspondem a observações feitas também em estudos internacionais. Pecorari (2003) identificou que os redatores de trabalhos científicos podem ter uma insuficiente clareza sobre o que constitui plágio, especialmente devido aos tipos de manifestação: a forma mais comum de identificação do plágio corresponde à reprodução (imitação) exata da fonte original; contudo, o pastiche ou paráfrases nem sempre são reconhecidos como plágio e estão relacionados ao uso inapropriado das fontes consultadas, o que é diferente da intenção de fraudar na redação do texto. Então, consideradas essas duas possibilidades de envolvimento com a ocorrência do plágio, parece ter ficado claro que tratar o assunto apenas como uma prática de má-fé ou ainda um problema exclusivamente do estudante/pesquisador é algo que pode, no mínimo, ser leviano. Isso por desconsiderar a complexidade relacionada a esse fenômeno conforme pode ser constatado por meio dos estudos já realizados sobre o assunto. Fato é que apesar de já existir um volume razoável de estudos sobre o plágio no âmbito internacional, ainda é preciso reconhecer a pertinência da observação feita por Michel Schneider no livro *Ladrões de Palavras*: "Fala-se pouco do plágio, e escreve-se ainda menos [entretanto, é um assunto que mais do que] pudicamente evitado ou absurdamente estendido, merece ser melhor apreendido" (SCHNEIDER, 1990, p. 25-37). E, nesse sentido, não poderiam ser deixados de se apresentar nesse trabalho os diferentes tipos de plágio, contribuindo para que sejam efetivamente melhor compreendidos.

1.1.4 Tipologia de manifestação do plágio acadêmico

Há uma tipologia bem diversificada em relação ao plágio. Fala-se em meio-plágio (ORLANDI, 2002), plágio cru (DEMO, 2011), plágio integral, parcial e conceitual (GARSCHAGEM, 2006), plágio estrito, plágio civilizado (SCHNEIDER, 1990). Apesar da diversidade de nomes em muitos casos, os autores referem-se à mesma coisa, mesmo havendo diversos tipos de plágio. Em todo caso, nesse trabalho, conforme apresentado no Quadro 1.2, adota-se a tipologia utilizada pelas melhores universidades ao redor do mundo, conforme levantamento e adaptações feitas por Krokoscz (2011; 2012).

Quadro 1.2 *Tipos de plágio mais comuns no meio acadêmico*

Tipologia internacional	Adaptação	Descrição
Word for Word Plagiarism	Plágio direto	Reprodução literal de um texto original sem identificação da fonte.
Paraphrasing Plagiarism	Plágio indireto	Reprodução das ideias de uma fonte original com palavras diferentes da fonte original, mas sem identificá-la.
Mosaic Plagiarism	Plágio mosaico	Reprodução de fragmentos de fontes diferentes que são misturados com palavras, conjunções, preposições para que o texto tenha sentido.
Collusion Plagiarism	Plágio consentido	Apresentação de trabalhos como sendo próprios, mas que na verdade foram cedidos por outros (amigos, colegas, parentes entre outros) ou comprados.
Apt Phrase Plagiarism	Plágio de chavão	Reprodução de expressões, chavões ou frases de efeito elaboradas por outros autores.
Plagiarism of Secondary Source	Plágio de fontes	Reprodução das citações apresentadas em outros trabalhos, porém a fonte citada não foi consultada pelo relator.
Self-plagiarism	Autoplágio	Reprodução de trabalhos próprios já apresentados em outras circunstâncias.

Fonte: Krokoscz (2012).

Considerando essa tipologia, parece razoável supor que o plágio direto, o plágio mosaico e o plágio consentido são os casos mais comuns por meio dos quais acontece o plágio intencional, pois nessas manifestações a caracterização de fraude é bastante evidente. Entretanto, em relação ao plágio indireto, ao *apt phrase*, e o plágio de fontes a ocorrência tende a ser mais acidental, porque são formas mais incomuns, desconhecidas ou até polêmicas, caso do autoplágio. Neste caso, por exemplo, a depender da área de estudos e do controle de publicações, publicações redundantes podem ser consideradas necessárias quando se deseja ampliar a comunicação de resultados de pesquisa apresentados em uma publicação feita em idioma diferente ou quando um trabalho que foi apresentado em um evento científico passa a ser publicado posteriormente em uma revista. Algumas áreas aceitam esse procedimento naturalmente, outras não o admitem. Em muitos periódicos brasileiros da área de negócios é possível verificar nas diretrizes para autores que são aceitos para publicação de trabalhos apresentados previamente em congressos, seminários e outros eventos acadêmicos. Contudo, em outras áreas de conhecimento, a publicação duplicada de um mesmo trabalho não é tolerada.

No *website Retraction Watch* é possível verificar vários casos de trabalhos da área das ciências naturais que foram retratados justamente por terem sido publicados previamente em *proceedings* e Anais de eventos científicos e que depois foram publicados com alguns acréscimos em revistas.

Não obstante, do ponto de vista da autoria científica, todas essas situações têm sido configuradas internacionalmente como plágio e nesse caso não há complacência: tanto plágio acidental quanto intencional são reprováveis e passíveis de sanções que podem variar desde a atribuição de nota zero até a cassação do diploma acadêmico (KROKOSCZ, 2011).

Entretanto, cabe destacar que a tipologia apresentada não é consensual na academia. Amparando-se em Park (2003), Power (2009) e Jones (2011) em sua dissertação de mestrado, Dias (2013) argumenta, por exemplo, que considerando conceitualmente o plágio como a apropriação indevida de obra alheia sem o reconhecimento da fonte, não se pode falar que o conluio (apresentação de obra alheia comprada ou cedida por outro) e o autoplágio (apresentação de conteúdo próprio em situações distintas) sejam entendidos como plágio, pois nesses casos não ocorre a apropriação indevida que caracteriza o plágio. Portanto, trata-se de mais uma particularidade relacionada ao assunto, denotando a complexidade que o caracteriza, o que obviamente tem implicações diretas em relação às práticas convencionadas e ao estabelecimento de regras de controle e prevenção.

Além disso, o reconhecimento dessa variedade de tipos de plágio ainda é algo inusitado no repertório educacional brasileiro. Estudos sobre o plágio realizados com estudantes de graduação, pós-graduação e pesquisadores demonstraram que existe uma compreensão sobre esse problema, mas que é muito intuitiva (FACHINI; DOMINGUES, 2008; SILVA; DOMINGUES, 2008; BARBASTEFANO; SOUZA, 2008), o que consequentemente a deixa limitada àquilo que é chamado de cópia literal, convencionalmente é conhecido por "CTRL C + CTRL V", em alusão aos comandos de atalho no programa de edição eletrônica de textos. Entretanto, considerando-se que o plágio pode ocorrer de outras maneiras, parece evidente que o risco de ocorrência desse problema em trabalhos acadêmicos é maior do que se possa imaginar. Isso corresponde perfeitamente a uma expressão de Schneider (1990, p. 348): "Somos sempre menos originais do que pensamos e menos plagiários do que cremos." Logo considera-se que, em geral, o plágio acadêmico não é um assunto que consta dos manuais de metodologia científica, tampouco recebe orientações facilmente encontráveis nos *websites* das instituições de ensino superior brasileiras, bem como não é temática sobre a qual se tenha produzido considerável conhecimento científico. Nessas condições, esperar do estudante ou do pesquisador brasileiro que produza trabalhos acadêmicos isentos de plágio é uma exigência cômoda, calcada na indiferença, pois se espera que se saiba de forma espontânea aquilo que não foi ensinado.

Assim, reconhecendo-se a complexidade de aspectos que envolvem esse fenômeno, destaca-se a necessidade de que a reflexão e o debate sobre o plágio acadêmico sejam feitos de maneira aprofundada, podendo ser melhor entendido para então ser superado. Nesse sentido, apresenta-se a seguir qual é o cenário do enfrentamento do plágio no meio acadêmico.

1.2 O enfrentamento internacional do plágio acadêmico

Não obstante ser verificável na bibliografia estrangeira que há trabalhos com mais de um século abordando a problemática,[6] há cerca de 50 anos, os norte-americanos, por exemplo, vêm fazendo pesquisas sobre o plágio acadêmico. Uma investigação seminal em larga escala foi desenvolvida por William Bowers, que em 1964 fez um levantamento em 99 instituições de ensino superior com uma amostragem maior do que 5.000 estudantes universitários. O pesquisador constatou que 75% dos estudantes universitários daquele país estavam envolvidos em um ou mais casos de desonestidade acadêmica, entre eles o plágio (MCCABE et al., 2001).

Observa-se que a partir da pesquisa de Bowers, até o início dos anos 1990, foram realizados muitos estudos sobre o plágio acadêmico por meio dos quais foram identificados fatores determinantes do comportamento desonesto dos estudantes como interesse na obtenção de boas notas, competitividade e manutenção da autoestima (BAIRD, 1980; EISENBERGER; SHANK, 1985; PERRY et al.; 1990; WARD, 1986; WARD; BECK, 1990 apud MCCABE et al., 2001), mas apenas alguns estudos discutiram a influência de fatores externos em relação ao comportamento desonesto dos estudantes, tais como responsabilidade dos professores, ameaças de sanções e adoção de Códigos de Honra (CANNING, 1956; JENDREK, 1989; MICHAELS; MIETHE, 1989; TITTLE; ROWE, 1973 apud MCCABE et al., 2001). A partir dessa constatação os trabalhos de pesquisa passaram a enfocar a evidenciação do papel dos fatores externos na ocor-

---

[6] Nas referências do livro *Plagiarism: Alchemy and Remedy in Higher Education*, o autor elenca o artigo intitulado *Imitators and Plagiarists* publicado na revista *The Gentleman's Magazine* em 1892 e o artigo *Plagiarism*, publicado pela revista *The Nineteenth Century* em 1899.

rência da desonestidade acadêmica. Um desses trabalhos identificou que "fatores contextuais como comportamento desonesto entre pares ou comportamento desonesto desaprovado pelos pares foram muito mais significantes do que fatores individuais como idade, sexo ou interesse em boas notas" (MCCABE; TREVIÑO, 1997 apud MCCABE et al., 2001, tradução nossa).

Então, a compreensão sobre o plágio acadêmico deixou de ser encarada simplesmente como um problema do estudante, mas passou a ter a conotação de um fenômeno que também está ligado às relações acadêmicas e ao ambiente institucional. O desdobramento desses estudos resultou em 1992 na proposta de criação do *International Center for Research Integrity* (2012), uma iniciativa destinada a dar suporte para instituições de ensino superior com vistas ao enfrentamento de más condutas acadêmicas, destacando essencialmente a criação e desenvolvimento de um ambiente de integridade acadêmica. Além disso, cabe frisar que o enfrentamento do plágio nas instituições internacionais de ensino superior é feito de maneira abrangente, com políticas institucionais, orientações e capacitações para que seja evitado, adoção de *softwares* de detecção do plágio e apresentação de normas e punições claras para cada categoria de envolvimento (intencional ou acidental), bem como em relação aos diferentes tipos de plágio (literal, autoplágio, mosaico etc.) (KROKOSCZ, 2011). Apesar desse histórico, estima-se que 1/3 dos estudantes americanos cometem plágio (POSNER, 2007) e que o índice de ocorrência do plágio da Internet é uma prática comum para um em cada dois estudantes americanos (EDUCATION WEEK apud PLAGIARISM.ORG, 2012). Portanto, cabe observar que a especialização das formas de enfrentamento do problema não são garantias de sua completa eliminação, entretanto constituem-se medidas necessárias para sua redução e controle. Se diante de tais enfrentamentos ainda assim são estimados e observados índices acentuados de ocorrência do plágio no meio acadêmico, a primeira indagação contundente que se pode fazer é sobre quais seriam tais níveis caso não houvesse nenhuma iniciativa frente ao problema? A segunda observação refere-se a qual deve ser a situação brasileira em relação ao plágio acadêmico em termos de pesquisa, reflexão e iniciativas de enfrentamento?

Se a prática antiga de apropriação de propriedade alheia não tivesse sido considerada indevida, se Marcial não tivesse reivindicado a proteção de sua autoria e da sua obra diante da pilhagem dos outros, enfim se não tivessem sido desenvolvidas tantas estratégias e modalidades de enfrentamento do plágio, talvez essa prática poderia ser qualquer coisa que estivesse entre dois polos bem distintos:

a) a completa banalização daquilo que se considera propriedade intelectual, artística, industrial etc., caracterizando assim uma situação generalizada de anarquia, fraude, pirataria, um vale-tudo decorrente da ausência de leis ou ausência de sua aplicação.

b) uma prática considerada normal, permitida por lei ou até mesmo desregulamentada sobre a qual não haveria interesse ou motivos de preocupação e controle. A situação na qual "tudo é de todos e ninguém é de ninguém".

Portanto, pensar sobre quais seriam os níveis de ocorrência do plágio caso não tivesse sido combatido é uma questão meramente especulativa, sobre a qual se pode postular muitas coisas, desde algo descontroladamente fora da lei até algo indiferente para a própria lei. Sendo assim, parece ser mais razoável e adequado pensar este fenômeno a partir da forma como ele se caracteriza do ponto de vista dos desdobramentos históricos e como está situado na realidade. Nesse sentido, cabe investigar, identificar e analisar como o plágio acadêmico tem se apresentado no cenário brasileiro.

1.3 O enfrentamento do plágio acadêmico no Brasil

No levantamento bibliográfico sobre a produção científica relacionada ao plágio acadêmico produzida no Brasil, Krokoscz (2012) identificou uma lista de 49 trabalhos publicados que puderam ser recuperados por meio de buscas realizadas no *Google*

Scholar, Scielo, Biblioteca Digital de Teses e Dissertações, *Web of Science, Science Direct* e *Scopus.* Também foram elencadas as publicações sobre o plágio acadêmico que puderam ser identificadas nas listas de referências dos trabalhos encontrados nas bases citadas.

Quadro 1.3   *Mapeamento da reflexão científica sobre o plágio no Brasil*

	Teses	Dissertações	Artigos	Eventos	Editoriais
1	(CHRISTOFE, 1996)	(GARCIA, 2006)	(OLIVAL, 1990)	(SANTANA; MARTINS, 2003)	(COIMBRA JR., 1996)
2		(REBELLO, 2006)	(COTTA, 1999)	(OLIVEIRA, M.; OLIVEIRA, E., 2008)	(TORRESI; PARDINI; FERREIRA, 2009)
3		(VAZ, 2006)	(PERISSÉ, 2003)	(TENÓRIO, 2010)	(ARAÚJO, 2011)
4		(KLEIMAN, 2007)	(GODOY, 2007)	(FERREIRA; SANTOS, 2011)	(TORRESI et al., 2011)
5		(OLIVEIRA, 2007)	(GRIEGER, 2007)	(ROCHA; PIMENTA, 2011)	
6		(MUSSINI, 2008)	(MORAES, 2007)		
7		(LUQUINI, 2010)	(ROMANCINI, 2007)		
8		(PEREIRA, 2010)	(VASCONCELOS, 2007)		
9		(SANTOS, 2010)	(BARBASTEFANO; SOUZA, 2008)		
10		(ABREU, 2011)	(FACHINI; DOMINGUES, 2008)		
11		(INNARELLI, 2011)	(SILVA; DOMINGUES, 2008)		
12		(PERTILE, 2011)	(SILVA, 2008)		
13			(COITO, 2009)		

	Teses	Dissertações	Artigos	Eventos	Editoriais
14			(MARTINS; NEOTTI, 2009)		
15			(VASCONCELOS et al., 2009)		
16			(OLIVEIRA; GARCIA; JULIARI, 2010)		
17			(PEZZIN, 2010)		
18			(BERLINCK, 2011)		
19			(DEMO, 2011)		
20			(DINIZ; MUNHOZ, 2011)		
21			(FERREIRA; FACIN, 2011)		
22			(GOMES JR., 2011)		
23			(GONÇALVES; NOLDIN; GONÇALVES, 2011)		
24			(JUDENSNAIDER, 2011a)		
25			(JUDENSNAIDER, 2011b)		
26			(KROKOSCZ, 2011)		
27			(SARMENTO, 2011)		
	1	12	27	5	4

Fonte: Krokoscz (2012).

Conforme pode ser constatado no Quadro 1.3, a produção acadêmica sobre o plágio no Brasil é incipiente (49 trabalhos) e corresponde a um período relativamente grande (1990-2011).[7]

---

[7] Interessante observar o aumento do número de publicações sobre plágio acadêmico no período de 2012 a 2014. Por exemplo, a busca da expressão "plágio acadêmico" apenas no Google Scholar resulta em cinquenta resultados de páginas em Língua Portuguesa. Outro exemplo do aumento da produção científica sobre o plágio

Os principais aspectos discutidos nas publicações recuperadas relacionam-se ao desconhecimento do que é plágio, dificuldades na escrita acadêmica, desonestidade ou falta de ética e o desenvolvimento de sistemas de detecção do plágio, sendo esse aspecto com o maior número de trabalhos publicados.

Menos da metade desses trabalhos correspondem a estudos empíricos. Nessas publicações, a reflexão relaciona-se à caracterização das razões de ocorrência do plágio acadêmico, o que aparece frequentemente como um problema decorrente essencialmente de falhas do estudante ou do pesquisador. Nesse sentido, os trabalhos elencam motivos como dissimulação de autoria (CHRISTOFE, 1996); ausência de princípios éticos (VAZ, 2006); hábito de reprodução textual (OLIVEIRA, 2007); desconhecimento sobre o assunto (BARBASTEFANO; SOUZA, 2007; FACHINI; DOMINGUES, 2008); dificuldades de escrita científica em inglês (VASCONCELOS et al., 2009) e abordagem institucional incipiente (KROKOSCZ, 2011).

Cabe observar que os resultados das pesquisas brasileiras em relação aos motivos de ocorrência do plágio correspondem ao que pode ser verificado na literatura internacional, embora conste dessas outras razões como: falta de tempo (HARRIS, 2001), interesse em obter boas notas (CURTIS; POPAL, 2011) e diferenças culturais no modo de percepção do plágio (SOWDEN, 2005). Apesar desses motivos de ocorrência do plágio não constarem dos trabalhos mapeados por Krokoscz (2012), foi verificado que a falta de tempo é a razão frequentemente alegada para a prática do plágio (VALENTE et al., 2010). Além disso, em um trabalho de levantamento realizado por Krokoscz e Putvinskis (2013), com uma amostra de 373 estudantes do último ano do curso de Administração de Empresas, de cinco instituições de ensino superior, foram identificados os seguintes motivos para a ocorrência do plágio: falta de tempo (28,1%), interesse em ob-

---

acadêmico nesse período pode ser constatado em relação aos trabalhos de pesquisa apresentados na *International Integrity and Plagiarism Conference*, evento que acontece a cada dois anos no Reino Unido: em 2012 foram apresentados três trabalhos brasileiros, enquanto que no evento realizado em 2014 o número de trabalhos apresentados por pesquisadores brasileiros aumentou para cinco.

ter boas notas (18%), dificuldades de escrita acadêmica (14,7%) e desconhecimento das regras de citação e referência das fontes usadas (11,8%), entre outros. Entretanto, é importante ressaltar que a identificação destes motivos para a ocorrência do plágio acadêmico refere-se exclusivamente aos estudantes, desconsiderando-se a responsabilidade que professores, editores, instituições e até mesmo que a sociedade tem em relação ao problema, o que pode representar um perigo, pois essa limitação reflexiva e até mesmo enviesada pode suscitar uma modalidade de enfrentamento do plágio mais preocupada com controles e punição de alguns culpados (alunos e pesquisadores) do que com a educação e a prevenção como um compromisso de todos: alunos, professores, pesquisadores, editores, instituições e a sociedade em geral. Medidas corretivas são necessárias para combater a banalização do plágio, mas são insuficientes para que esse problema seja de fato evitado. Basta lembrar aqui que os norte-americanos, depois de dedicarem mais de trinta anos pesquisando o problema do plágio acadêmico, chegaram à constatação de que além de lidar com essa problemática como um problema intrínseco do aluno, era preciso considerar a importância da influência dos fatores externos, tais como o papel das instituições e o cultivo de um ambiente de integridade acadêmica (MCCABE; TREVIÑO; BUTTERFIELD, 2001; 2002). Além disso, importa ressaltar que o trabalho realizado por Krokoscz (2011) evidenciou que as medidas de enfrentamento do plágio acadêmico adotadas pelas melhores instituições de ensino superior brasileiras são inferiores se comparadas às melhores universidades internacionais, conforme pode ser constatado no Quadro 1.4.

Quadro 1.4   *Abordagem do plágio nas melhores instituições de ensino superior*

CONTINENTES	RANKING	UNIVERSIDADES	INST 1	INST 2	INST 3	INST 4	PREV 1	PREV 2	PREV 3	DIAG 1	CORR 1	CORR 2
AMÉRICA	1	Massachusetts Inst. Technology	√	√	√	√	√	√	√		√	√
	2	Harvard	√	√	√		√	√			√	√
	3	Stanford	√	√	√	√	√	√		√	√	√
EUROPA	22	Cambridge	√	√	√	√	√	√			√	√
	42	Oxford	√	√	√	√	√	√		√	√	√
	46	Swiss Fed. Inst. of Technology		√	√	√	√				√	√
ÁSIA	24	Tokio			√	√		√		√		√
	26	National Taiwan University				√	√	√		√	√	√
	49	Kyoto						√				
OCEANIA	77	Australian Nacional University	√	√	√	√	√	√	√	√	√	√
	109	Queensland	√	√	√	√	√	√	√	√	√	√
	137	Monash	√	√	√		√					√
ÁFRICA	405	Cape Town		√	√		√	√	√			√
	509	Pretoria		√	√		√					√
	555	Stellenbosch		√		√	√					
BRASIL	38	Universidade de São Paulo					√				√	√
	115	Universidade Est. de Campinas					√					
	134	Universidade Fed. de Santa Catarina					√	√				

Fonte: Krokoscz (2011).

De acordo com a categorização do Quadro 1.4, foram identificadas as seguintes medidas de enfrentamento do plágio acadêmico:

> Medidas institucionais: *1. Hotsite institucional* com conteúdo exclusivo sobre plágio; *2. Política institucional* sobre o plágio; *3. Disponibilização de guias,* manuais e/ou documentos oficiais sobre o assunto; *4. Comissão de Integridade Acadêmica*, Comitê Disciplinar, Sindicância etc.
>
> Medidas preventivas: *1. Orientação*: Ações de esclarecimentos da comunidade educativa (Definição e/ou caracterização do plágio; documentos de professores, conferências, *workshops,* formulários de declaração da idoneidade do trabalho, indicação de *links* para aprofundamento sobre o assunto etc.); *2. Capacitação*: Ações de instrumentalização tais como cursos, atividades, exercícios, abordagem disciplinar, elaboração de manuais de escrita acadêmica, tópico

de disciplina ou orientações para a elaboração de trabalhos acadêmicos; *3. Formação*: Apelo a princípios e valores, ações voltadas para a importância do compromisso e desenvolvimento de princípios éticos, como a preservação da reputação do aluno.

Medidas diagnósticas: 1. Disponibilização e/ou utilização de *softwares de detecção do plágio*.

Medidas corretivas: *1. Descrição do plágio* nos códices institucionais (Código de Honra; Código de Ética etc.); *2. Penalização* (advertência, suspensão, expulsão etc.) (KROKOSCZ, 2011).

A partir desses dados, fica evidenciado que as instituições de ensino podem e devem assumir um amplo comprometimento no enfrentamento do plágio acadêmico, que não é apenas um problema do aluno. Há de ser considerada "a responsabilidade da própria instituição de ensino (o leitor) em cumprir de forma eficaz seu papel educativo, seja instrumentalizando adequadamente e de forma eficiente a capacidade de escrita e também se servindo de todas as medidas disponíveis que contribuam para a originalidade do conhecimento produzido" (KROKOSCZ, 2011). Assim, o enfrentamento do plágio acadêmico, além da cobrança sobre a idoneidade dos estudantes, requer

> o emprego de esforços das instituições de ensino na adoção de políticas relacionadas ao assunto, bem como a criação de conteúdos e estratégias acadêmicas para a mitigação deste problema, tais como: adoção de Códigos de Ética, apresentação de conteúdo relacionado ao plágio nas *homepage* das universidades brasileiras, integração do estudo sobre escrita acadêmica e plágio em matéria específica da grade dos cursos superiores (KROKOSCZ, 2011).

Portanto, o plágio acadêmico é um problema que precisa ser analisado de uma perspectiva histórica e global, na qual sejam considerados os aspectos que o caracterizam desde sua gênese até a atualidade e também reconhecidos os esforços já realizados e resultados alcançados mundialmente em seu enfrentamento.

Considerando que se trata de um problema secular, espalhado pelo mundo e intensificado pelas facilidades proporcionadas pelos recursos de tecnologia e comunicação da atualidade, é preciso admitir que o plágio acadêmico é também um elemento desafiador dos modelos vigentes no âmbito acadêmico, tais como o produtivismo científico, o reducionismo da culpabilização do estudante/pesquisador e a ausência de reflexão sobre o que caracteriza a autoria científica. Aprofundar a reflexão sobre tais aspectos constitui demanda inadiável na tarefa de caracterização e análise do fenômeno do plágio no meio acadêmico.

1.4 O plágio do ponto de vista histórico e teórico

Considerando as especificidades que caracterizam a autoria científica e a caracterização do plágio no meio acadêmico, constata-se que a definição clássica de apropriação e apresentação de ideias alheias como se fossem próprias é insuficiente para caracterizar essa modalidade de fraude autoral que tem ocorrido na produção científica em todos os níveis acadêmicos. Isso ocorre porque a fraude de autoria em trabalhos acadêmicos não ocorre simplesmente quando obras, trabalhos ou ideias alheias são apresentadas como próprias, mas sobretudo devido à falta de transparência autoral. É o caso de trabalhos próprios que são reapresentados com interesses diferentes, sem que tal reaproveitamento seja declarado e reconhecido pelos pares. Rigorosamente, não caberia falar em plágio nesse caso, pois não se trata da apropriação de ideias alheias, senão as de si mesmo. Entretanto, como a edificação do conhecimento científico é uma expectativa da comunidade científica e a credibilidade do pesquisador é diretamente correlacionada às contribuições originais, a repetição, a reprodução, ou imitação, seja de obras alheias ou próprias, são procedimentos desaprovados pela academia porque são pseudocontribuições que colocam o conhecimento científico em um círculo vicioso impedindo que avance com vistas ao seu desenvolvimento e a novas descobertas.

Além de a caracterização clássica do plágio ser limitada no campo acadêmico devido à inaplicabilidade da noção de alheio (pois existe a possibilidade de fraudar a própria autoria quando se apresenta como novo aquilo que é sempre o mesmo), é insuficiente, porque em alguns casos a fraude autoral acontece diante da comunidade científica, sem que o autor original tenha sido prejudicado. A compra ou cessão de trabalhos feitos por outros é uma situação que faz parte da realidade acadêmica, à qual estudantes acabam recorrendo para cumprir a exigência de entrega de trabalhos. Nesse caso, não ocorre um problema de plágio da forma como convencionalmente se entende, entretanto esses conluios entre amigos ou prestadores de serviço acabam resultando numa fraude autoral realizada com o escopo de enganar a comunidade acadêmica representada por professores, orientadores e instituições.

Essa fragilidade no conceito de plágio é um problema que precisa ser discutido e aprofundado, pois talvez nesse aspecto crucial resida a fonte de incompreensão e até mesmo a razão da perenidade da ocorrência desse problema no meio acadêmico. Por exemplo, é constatável nos estudos realizados ao redor do mundo inteiro a polêmica e falta de consenso que existe em relação ao reconhecimento do autoplágio, bem como a dificuldade que vem sendo apontada quanto à conceituação do que é plágio no meio acadêmico (MARSH, 2007; RANDALL, 2001; RICKS, 2003; STEARNS, 1999).

Defende-se que essas observações são fatores indiciários de que a compreensão que se tem sobre o problema do plágio na atualidade precisa ser repensada. Obviamente, muito já se avançou na caracterização do assunto e na sua descrição. Desde a antiguidade até os dias atuais ainda se perpetuarão casos de ocorrência de apropriação indevida de obras e ideias alheias que foram, são e continuarão sendo apresentadas como próprias, casos que podem ser configurados como plágio de acordo com a concepção tradicional. Esse tipo de atitude intencional se trata de um problema de ordem ética, reconhecidamente reprovável e passível de sanções, conforme previstas na forma da lei e nos códigos institucionais. Além de ser uma ação que causa dano material a outro devido à apropriação indevida, algo protegido pelas leis de direitos autorais, a dissimulação da autoria subtrai do autor original seu crédito moral de criador da obra usurpada, algo que é considerado inalienável. Ainda que as obras de Aristóteles, por exemplo, estejam hoje em domínio público podendo ser utilizadas por qualquer pessoa sem ônus de recompensação material, é inteiramente inconcebível que alguém publique *Ética a Nicômaco* com o seu nome como se fosse o autor da mesma. Uma atitude como essa visando à obtenção de credibilidade sem merecimento intelectual, artístico, literário ou de qualquer outra natureza é socialmente reprovável. Então, não se trata de discutir que os casos de plágio intencional, caracterizados essencialmente pela má-fé, são situações em que além de serem rejeitados pelas normas de convivência e relacionamento humano, são passíveis de punições legais. Portanto, algo já existente de forma consensual e consolidada sobre o que não há muito mais a ser dito.

Além do plágio intencional, é comumente conhecido no meio acadêmico que o plágio pode acontecer de forma acidental, ou seja, devido ao desconhecimento das diversas modalidades de ocorrência. Por exemplo, a ocorrência do plágio de fontes pode se dar devido à falta de se fazer uma citação já feita, bem como o plágio de chavão (*apt phrase*) pode acontecer devido à reprodução literal de apenas duas ou três palavras sem que a fonte original seja reconhecida, uma regra que visa a proteger a autoria de expressões como "marcador somático" (Antonio Damásio), "penso, logo existo" (René Descartes), "ser ou não ser" (Shakespeare), "o Estado sou eu" (rei Luís XIV). Também ocorre plágio acidentalmente devido a dificuldades técnicas no emprego das regras de indicação e identificação das fontes, desorganização no uso de conteúdos alheios e até mesmo por motivos culturais. Na cultura chinesa, a memorização e repetição de ideias e textos sem a necessária citação das fontes era uma exigência de um sistema educacional fundamentado nos princípios da tradição confucionista, o que consolidou uma técnica de estudo que apesar da abertura ocorrida a partir de 1978, continua a ser uma realidade (GOW, 2013).

Embora muitas instituições de ensino reconheçam que o plágio pode acontecer de forma não intencional, deixam claro para a sua comunidade que ainda assim se trata de um problema pelo qual o redator pode ser responsabilizado e proporcionalmente punido. Nesses casos, as instituições já adotaram previamente ações de orientação, esclarecimento, treinamento para que a sua comunidade acadêmica supere as suas limitações e incompreensões sobre o assunto. Da mesma forma, professores e orientadores adotam posicionamentos claros em relação às possíveis ocorrências de plágio em trabalhos entregues por alunos, estabelecendo em seus programas de ensino as regras e sanções imputáveis aos envolvidos. Além disso, é recomendável a todos os membros da instituição a utilização de programas de detecção de plágio, que em alguns casos são adquiridos comercialmente para auxiliar a comunidade acadêmica. Assim, estes procedimentos são adotados previamente com o intuito de educação e prevenção, antes de acontecer a ocorrência do plágio de forma acidental por razões indevidas.

Portanto, a análise do plágio, tanto do ponto de vista intencional quanto acidental, já é algo consolidado com orientações e dispositivos que vêm sendo compartilhados e adotados universalmente. Contudo, diante da constatação de que a ocorrência desse fenômeno se mantém no decorrer dos séculos, envolve parte significativa da comunidade acadêmica e tem despertado a preocupação de professores, editores, instituições de ensino, agências de financiamento de pesquisas e governos. Faz-se necessário ampliar o campo de análise do que se entende sobre o plágio no meio acadêmico, bem como aprofundar a compreensão que se tem em relação a isso indo além de seus aspectos éticos e acidentais, tratando dessa questão do ponto de vista da sua complexidade.

1.4.1 Aprofundando a compreensão e a análise sobre o plágio

Pode-se adotar como um dos pontos de partida possíveis na análise do plágio acadêmico a pressuposição de que se trata de algo relacionado diretamente à autoria. Esses dois aspectos fazem parte de uma mesma realidade, de tal forma que só é possível falar sobre plágio se se considera a autoria, pois uma coisa se opõe a outra, sendo dessa maneira uma a condição de entendimento e caracterização da outra.

Então, pensar no plágio simultaneamente à autoria leva a constatação de que, de fato, o plágio de forma genérica, ou seja, não apenas no âmbito acadêmico, torna-se um problema que incomoda a sociedade quando surge a noção de autor moderno no século XVIII, por meio da institucionalização autoral do *Copyright Act* na Inglaterra em 1710.

Remonta ao começo do século XIX, por volta de 1810-1830, a passagem do "plágio" em sentido amplo, prática difundida (comunidade de temas, obrigatoriedade de formas, legado da tradição), ao plágio em sentido estrito (roubo de um texto): o plagiário aparece na cena literária. O que até então fora só um expediente inquestionável da escritura, torna-se doravante um problema (SCHNEIDER, 1990, p. 42).

Assim, a partir do momento no qual se passou a entender o autor como o proprietário de sua obra (alguém que tinha assegurado legalmente a utilização de sua criação artística, intelectual ou qual seja com direitos de exclusividade) coincide uma mudança na concepção tida sobre plágio. Até então a produção textual era trabalho de escritores, muitas vezes copistas, cuja ação era naturalmente aceita e compartilhada socialmente. Nesse sentido, é esclarecedora a observação de Hammond (2003) que, embora reconheça a existência do plágio desde a antiguidade, destaca que a partir da Restauração Inglesa *o grau de importância e projeção do plágio é novo* (apud MARSH, 2007, p. 39, tradução nossa).[8]

Para ter ideia de como a apropriação de ideias alheias não era um problema antes da institucionalização da autoria, sabe-se que parte da obra de Shakespeare é considerada fruto de plágio (SCHNEIDER, 1990, p. 50), da mesma maneira que esse expediente também foi constatado em atividades literárias de Alexandre Dumas (CHAVES, 1995). Além desses exemplos, há

---

[8] [...] the degree of cultural salience and penetration of plagiarism is new (HAMMOND, 2003 apud MARSH, 2007, p. 39).

casos de plágio no âmbito da Filosofia. Schneider (1990) apresenta passagens de plágio de Pascal, que copiou Montaigne, que copiou Plutarco, que copiou Platão, que considerava a realidade uma cópia do mundo inteligível. Outro exemplo, o trabalho dos monges copistas na Idade Média é reconhecido como fundamental para a preservação do conhecimento da época. Acontece que antes do século XVIII eram enfatizados

> os modelos dignos de serem imitados e [que] apresentavam autores contentes de terem reproduzido coisas bem feitas. O leitor conheceu, então, tanto os clássicos quanto o autor, e a imitação é o prazer da meia-palavra, homenagem prestada à grandeza do modelo e, simultaneamente, ao talento do imitador. Os séculos dezenove e vinte defendem antes, sob a forma romântica ou realista, a ideia de uma literatura proveniente de si mesma ou da realidade, mas não da literatura anterior (SCHNEIDER, 1990, p. 44).

Dessa maneira, a preocupação com o plágio entendido como apropriação indevida passa a existir de forma mais acentuada quando essa ação representa um risco aos interesses econômicos de editores e livreiros da modernidade que, a partir da lei de direitos autorais, podiam obter por meio da concessão dos autores o privilégio e a exclusividade na impressão e uso comercial de suas obras.

Portanto, a definição popularizada que se tem até hoje em relação ao plágio, a qual é entendida como "a apresentação de uma obra de outra pessoa como sendo própria", é uma decorrência da compreensão que se passou a ter do autor como alguém que detém, proprietário de alguma coisa, de um bem. Uma decorrência dessa interpretação acabou gerando as leis de propriedade intelectual e registro de patentes, formas jurídicas de proteção de ideias e inventos considerados originais e inovadores, como uma marca, uma música, um medicamento, uma nova tecnologia, um equipamento ou ferramenta, entre outras **coisas**. Contudo, há obras da genialidade humana que não são coisas, mas constituem-se de conhecimentos ou habilidades caracterizados essencialmente pela sua imaterialidade, caso da solução de um problema matemático, da criação de um poema, do desenvolvimento de uma teoria, enfim, produções humanas que não podem ser apropriadas por outra pessoa como se fossem algo que se tira de alguém. Isto é, ainda que se declame um poema feito por outra pessoa, se utilize a solução de um problema elaborada por alguém, tais pessoas continuam a deter a sua obra, diferentemente ocorre se isto for alguma coisa que pode ser subtraída. Exemplificando, quando o poeta Marcial na Antiguidade reclama que sua obra estava sendo apresentada por um sequestrador (*plagiarius*) alega-se que a razão mais importante de sua queixa não estava na preocupação com a obra, mas com a dissimulação de sua honra e a imortal fama do seu nome.

> O plágio foi condenado em Roma e na Grécia antiga, onde o "roubo literário" foi caracterizada como uma apropriação da honra alheia e da "fama imortal" (LONG, 1991, p. 856). O termo deriva de *Plagiarius*, sequestrar, e significa quebrar uma conexão entre o nome do autor e a obra (STEARNS, 1992; ST. ONGE, 1988). Romper essa conexão é destruir o requisito básico do dom: que seja imbuído do espírito do doador e permanecer conectado a essa pessoa. Esta conexão é um dos motivos de importância do dom: é o que dá ao dom o risco de dar e receber e ajuda a dar-lhe valor (MCSHERRY, 2003, p. 232, tradução nossa).[9]

Dessa maneira, embora a noção moderna do plágio tenha se voltado principalmente para a proteção da obra em função da sua importância ou uso econômico, antes disto a ideia do plágio estava relacionada àquilo que é inalienável, ou seja, que não

---

[9] "Plagiarism was condemned in ancient Rome and Greece, where 'literary theft' was characterized as an appropriation of another's honor and 'immortal fame' (LONG, 1991, p. 856). The term derives from plagiarius, to kidnap, and signifies breaking a connection between the author's name and the work (STEARNS, 1992; ST. ONGE, 1988). To sever this connection is to destroy the basic requirement of the gift: that it be imbued with the spirit of the giver and remain connected to that person. This connection is one reason gifts matter: it is what makes gifts risky to give and receive and helps give them value" (MCSHERRY, 2003, p. 232).

pode ser subtraído de alguém. Declamar o poema de alguém não faz da pessoa um poeta, da mesma forma que utilizar a solução matemática de um problema elaborada por outra pessoa não torna alguém intelectual. A questão essencial, portanto, ao tratar do plágio principalmente no âmbito acadêmico, é mais importante em relação à AUTENTICIDADE do que em relação à ORIGINALIDADE. A propriedade material de um invento ou qualquer coisa que seja é de fato um problema de direito autoral patrimonial. Contudo, o conhecimento é um bem comum, que é desenvolvido e adquire importância na medida em que é compartilhado, sem que ocorra a subtração desse bem que é algo subjetivo. Qualquer pessoa pode falar e apresentar a compreensão a que se chegou em relação à teoria do efeito fotoelétrico no início do século XX, mas jamais alguém poderá substituir o nome de Albert Einstein vinculado a ela, porque não se trata de algo material, mas sim um produto da subjetividade intrínseca do cientista. Pode-se discutir argumentando se algo é original ou reprodução, mas a questão de fundo que permanece independente da conclusão chegada é se se trata de algo autêntico ou inautêntico, ou seja, há casos em que embora não se tenha originalidade, mantém-se a autenticidade: "Orgulho-me de ter inventado, palavra por palavra, o que traduzi dos outros, escrevia *du Bellay* em 1550" (SCHNEIDER, 1990, p. 44) e Manoel de Barros escreveu: "Repetir, repetir até ficar diferente. Repetir é um dom do estilo" (BARROS, 1993, p.13).

Nesse contexto, a discussão sobre o plágio requer um nível de reflexão que extrapola o alcance do tratamento pragmático, usualmente dado ao tema o qual pode ser caracterizado como **LEGALISTA**, porque é orientado pela manutenção dos padrões convencionais de escrita científica, aqueles que se referem ao cumprimento das normas de reconhecimento de fontes e atribuição de créditos. Esse outro nível de debate que pode ser caracterizado como **COLABORACIONISTA** vem se consolidando com os trabalhos de pesquisa realizados por Lindey (1952), Mallon (1989), Howard (1999), Buranen e Roy (1999), Randall (2001), Kewes (2003) e Marsh (2007) abordando a problemática do plágio, numa perspectiva teórica e histórica, contextualizando-o de forma multidimensional, fazendo interface com questões políticas, econômicas, estéticas, jurídicas e pedagógicas. Nesse sentido, tais autores questionam o conceito atual de plágio argumentando que se trata de algo que utiliza categorias de identificação caracterizadas por uma noção romântica da autoria, superada pela revolução digital. Além disto, considerando mudanças históricas, caso, por exemplo, das noções de gênero, bem como aspectos culturais como o movimento artístico pós--moderno e a corrente do *ready-made*, as noções sobre a natureza dos processos de criação e reprodução textual também passaram a ser revistos com óticas inovadoras, seja do ponto de vista do feminismo (RANDALL, 2001) como da contracultura (GOLDSMITH, 2011; GROOM, 2003).

Essa linha de reflexão colaboracionista é explorada por Marsh (2007) em seu livro *Plagiarism: alchemy and remedy in higher education*. O foco da discussão de Marsh é a concepção tradicional que se tem do plágio no âmbito acadêmico, como uma consequência reprovável resultante de uma intenção deliberada de má-fé ou falha no processo de cumprimento das prerrogativas de escrita científica, tais como o uso correto de citações e referências. Nessa ótica, o objeto de investigação e discussão do autor é uma análise sobre a evolução histórica do conceito de plágio, das estratégias desenvolvidas para evitá-lo, e em relação a isso o autor especificamente analisa o uso de alguns *softwares* de detecção do plágio (Glatt, EVE, Plagiarism-Finder e Turnitin), os quais "servem para regular a escrita dos alunos e práticas de leitura que lembram as práticas de solução da era pré-computadores e até mesmo pré-industrial" (MARSH, 2007, p. 4, tradução nossa).[10]

A partir disto, Marsh discute que essas estratégias de detecção do plágio, bem como a instrução de técnicas de uso de fontes e atribuição de autoria, cumprem exigências e pré-requisitos que remetem ao surgimento moderno da ideia de plágio, algo diretamente relacionado à criação da propriedade autoral no século XVIII. Considerando isso, o autor argumenta que as mudanças suscitadas pela revolução digital e as atuais concepções sobre a

---

[10] "[...] serve to regulate student writing and reading practices in ways reminiscent of precomputer, even preindustrial, solutions and remedies" (MARSH, 2007, p. 4, tradução nossa).

natureza do conhecimento como algo de acesso livre e gratuito requerem a revisão do conceito que temos de plágio, mais adequado a esse tempo.

Marsh (2007) adota uma perspectiva histórica e teórica respaldada nos estudos de outros autores com a intenção de ressignificar a compreensão que se tem sobre o plágio na atualidade, considerando-se principalmente as novas tecnologias e o advento da Internet como elementos complicadores dos procedimentos normativos e regulatórios do processo de escrita científica. Para ele, o foco da ação educativa acaba equivocado se limitada à instrução de técnicas de escrita, pois deixa de capacitar os novos acadêmicos no que diz respeito essencialmente à prática de pesquisa e não apenas à elaboração de relatórios. Em suma, o que Marsh faz é problematizar a questão do plágio, superando a abordagem simplista que trata disso como um problema, corrigido com o uso adequado de regras. Para o autor, é preciso ir além da postura de condenação ou até mesmo de condescendência com o plágio, como uma estratégia de autoria subversiva e discuti-lo considerando suas nuances históricas, seu convencionalismo e principalmente os interesses envolvidos na manutenção da ideia clássica de plágio como algo perene. Numa frase, o autor "Enfatiza as maneiras pelas quais os produtores e consumidores de *commodities* textuais participam de práticas discursivas que, por sua vez, servem para definir os autores e os leitores em relação a determinadas categorias sociais" (MARSH, 2007, p. 7, tradução nossa).[11]

Enfim, considerando-se o cenário teórico e prático no qual se insere a reflexão e o debate sobre o plágio, no âmbito acadêmico, parece ter evidenciado a complexidade e os desafios que envolvem esse assunto, indicando que se trata de algo com o que não se pode lidar de forma simplificada ou superficial. Na realidade, além de toda a caracterização feita em relação ao plágio especificamente, faz-se necessário também analisar o que caracteriza o processo de produção autoral, ou seja, àquilo que por

---

[11] "Emphasize the ways in which producers and consumers of textual commodities participate in discursive practices that, in turn, serve to define authors and readers in relation to given social categories" (MARSH, 2007, p. 7).

um lado caracteriza a negação do plágio e que, por outro lado, do ponto de vista histórico, parece ser o que está diretamente relacionado à concepção conservada e defendida do que caracteriza o plágio. Então, nem tudo está dito sobre o plágio e a extensão dessa compreensão depende do estudo e reflexão do que constitui a autoria.

2

Em busca da autoria

Uma das formas utilizadas para a recuperação do significado de um termo e seus correlatos é a consulta ao dicionário. Assim, para saber o que é um autor ou o que é considerado autoria, basta procurar tais verbetes num compêndio de termos e lá estão especificadas as características etimológicas e morfológicas, são descritas acepções e locuções adquiridas pelo termo consultado numa determinada língua.

Apesar de os dicionários serem fundamentais para a conservação do significado das palavras e o procedimento de consulta a eles ser necessário para a manutenção da coesão de um idioma, esses recursos são limitados e insuficientes para a compreensão e análise dos sentidos que certas palavras podem adquirir na medida em que o tempo passa e novos acontecimentos vão caracterizando a história da humanidade. Com a palavra *amor*, por exemplo, apesar da possibilidade de consulta do seu significado em qualquer dicionário, a evolução do sentido desse termo é algo que requer o aprofundamento na reflexão desenvolvida sobre o mesmo no decorrer da história da humanidade. A concepção mítica do amor esboçada em obras como *O banquete* e *Fedro* de Platão distingue-se da reflexão filosófica desenvolvida por Aristóteles em sua *Ética a Nicômaco* e ambas são bastante diferenciadas da análise científica sobre o amor como a encontrada na obra de Helen Fisher, *The anatomy of love*.

Além dessa profundidade de significado a qual se chega por meio da análise e da reflexão sobre certas palavras, o que não é evidenciado nos dicionários, é preciso lembrar que as palavras têm conotação e denotação, isto é, os termos carregam em si um significado que é compartilhado por um grupo idiomático, mas também cada palavra adquire sentidos variados a depender das situações e contextos nos quais é inserida. É o que acontece, por exemplo, em relação ao termo "autor", objeto de análise neste capítulo. Como será apresentado, esse termo é utilizado em diferentes circunstâncias, podendo até adquirir funções paradoxais. É que do ponto de vista do significado do termo, autor é o responsável por uma ação que pode ser um objeto, uma ideia, um fato etc. Em suma, autor é o sujeito de uma ação, como é o caso do autor de uma descoberta científica, do autor de um texto ou do autor de um crime, entre outros. Ou seja, tanto é autor quem cria uma obra literária como é autor de um plágio quem copia tal obra?! Sem ter a pretensão de desenvolver a reflexão nesse sentido, a situação apresentada cumpre aqui apenas a função de representar, na análise sobre o que é um autor, a necessidade de considerar a abrangência e a complexidade que um termo pode ter o que excede o seu mero significado etimológico.

Portanto, nesse sentido são propostas para este capítulo a investigação e a análise sobre o que constitui um autor. Muitos estudiosos já se dedicaram à análise desse termo do ponto de vista histórico, filosófico, linguístico etc. Entretanto, uma obra que se tornou referência no âmbito dessas reflexões é o texto que resultou de uma conferência proferida pelo filósofo Michel Foucault, apresentada à Sociedade Francesa de Filosofia em 1969. Nessa reflexão, o filósofo apresenta a sua perspectiva analítica sobre "O que é um autor". Embora a obra de Foucault seja um marco referencial, não representou um ponto final na compreensão sobre o assunto. Na época, logo após ter encerrado seu discurso, o debate seguido foi permeado por controvérsias e incompreensões que ilustrativamente caracterizaram a dificuldade de definição e consenso entre os participantes na reflexão. Posteriormente, o aprofundamento da pesquisa histórica feita por Roger Chartier sobre alguns pressupostos apresentados por Foucault naquela ocasião demonstrou que o filósofo cometeu alguns equívocos na sua análise, o que na verdade teve a implicação de observar mais uma imprecisão cronológica do que erros conceituais. Além do mais, o próprio Chartier admite que a reflexão filosófica apresentada por Foucault teve o mérito de se caracterizar como uma descoberta analítica fundamental para a compreensão do que é o autor/autoria.

Mas se a concepção que se tem sobre o significado dos termos provém, por um lado, do aprimoramento da reflexão que é desenvolvida sobre eles no decorrer do tempo, por outro lado, a compreensão e o sentido atribuído às palavras são reféns dos acontecimentos históricos que as permeiam. Por exemplo, o conceito de autor não poderia passar intocado diante de acontecimentos históricos como a invenção da imprensa móvel e o surgimento da Internet, pois ambos tiveram implicações diretas e significativas no processo de produção e circulação das ideias escritas. Embora haja um volume significativo de reflexões sobre os impactos da invenção da imprensa sobre a noção de autor, talvez devido ao fato do surgimento da Internet ainda ser um fenômeno recente, a análise sobre as mudanças decorrentes disso em relação à concepção do autor na atualidade ainda está no início. Entretanto, já existem algumas perspectivas esboçadas tendendo a uma ressignificação da autoria em relação aos sentidos consolidados historicamente, tais como a ideia de propriedade intelectual ou de criação original.

Considerando-se esses aspectos, a proposta de investigação deste capítulo parte do princípio evidenciado nos estudos de outros pesquisadores de que a noção de autoria é antes de qualquer coisa uma construção histórica (CHARTIER, 1999; CARBONI, 2010). A análise desenvolvida nessa perspectiva permite constatar que se trata de uma reflexão caracterizada como algo inacabado, porque é influenciado de forma direta e permanente pelas ocorrências e mudanças que fazem parte da história. Ainda que a noção sobre o "autor" seja algo subordinado às condições e até mesmo determinações históricas, não se pode deixar de observar e refletir que, na medida em que se avança na compreensão sobre esse termo, novos significados são atribuídos a essa ação cujo escopo fundamental tem sido contribuir na compreensão de parte de um processo, referindo-se à produção, à circulação e à recepção de determinadas obras humanas, que nesse trabalho delimitam-se àquelas consideradas como textos científicos. A esta discussão se passa a seguir.

2.1 Definindo o autor e a autoria

Verificando o significado da palavra *autor* em alguns dicionários, constata-se que o termo aparece vinculado à ideia de quem (pessoa física ou jurídica) é responsável pela produção, geração, fundação ou invenção de algo. Assim, do ponto de vista etimológico, autor e autoria são dois termos correlacionados, apresentando-se simultaneamente como sujeito e predicado de uma mesma oração: a autoria é a ação ou condição desempenhada pelo autor com vistas à consecução ou representação de uma obra. Mas, além disso, há outros aspectos que definem esse par de termos, conforme apresentado no Quadro 2.1:

Quadro 2.1 Acepções dos termos *autor* e *autoria* nos dicionários

FERREIRA, 1986	HOUAISS, 2009	AULETE; VALENTE, [2012?]
Autor:		
1. A causa principal, a origem de.	1. Aquele que origina, que causa algo; agente.	1. Criador de obra literária, artística ou científica.
2. Criador de obra artística, literária ou científica.	2. Indivíduo responsável pela invenção de algo; inventor, descobridor.	2. Pessoa responsável por uma invenção ou descoberta; DESCOBRIDOR; INVENTOR.
3. Aquele que intenta demanda judicial.	3. O responsável pela fundação ou instituição de algo.	3. Pessoa que faz, realiza, comete, um ato ou fato (autor do crime/gol/incêndio).
	4. Pessoa que produz ou compõe obra literária, artística ou científica.	4. Por metonímia, obra de autor.
	4.1. Escritor.	5. Pessoa que propõe demanda judicial contra outra.
	5. A obra de um autor.	6. Pessoa que pratica um crime ou contravenção.
	6. O primeiro a divulgar uma notícia, um boato etc.	7. Pessoa responsável pela fundação ou instituição de algo; CRIADOR; FUNDADOR; INSTITUIDOR:
	7. Aquele que promove uma ação judicial contra ou em face de outrem.	8. A primeira pessoa a divulgar.
	8. Indivíduo que pratica um delito.	
Autoria:		
1. Condição de autor.	1. Qualidade ou condição de autor.	1. Condição de autor; o trabalho ou a produção de autor.
	2. O que motiva a ocorrência de algo; causa.	2. Presença do autor em um julgamento.
	3. Imputação de um comportamento a uma pessoa.	

Fonte: Elaborado a partir de: Aulete; Valente, [2012?]; Ferreira (1986); Houaiss (2009).

Algumas palavras-chave podem ser identificadas entre as acepções apresentadas no Quadro 2.2: criação, invenção, descoberta, fundação. Todas essas palavras estão correlacionadas com a ideia central de **ação**, ou seja, a acepção que, de acordo com o dicionário, refere-se à "pessoa que faz, realiza, comete, um ato ou fato; a primeira pessoa a divulgar algo". Então, toda pessoa é, por natureza, autora, de alguma maneira, de alguma coisa, por exemplo, é autor o sujeito que **age** de forma jubilosa, como um atleta batendo um recorde mundial no atletismo, ou o sujeito cometendo uma ação condenável, como um criminoso que assassina pessoas deliberadamente durante uma sessão de cinema. Mas também é autor o sujeito que **inventa** um meio de transporte, um acessório doméstico ou um recurso de comunicação; a pessoa que **descobre** a cura de uma doença, identifica uma nova espécie na natureza ou explica o surgimento do universo; é autor quem **cria** uma obra; compõe uma sinfonia ou escreve um livro.

Portanto, pode-se argumentar que cada pessoa é autor por condição natural. A autoria é uma característica da cultura humana, pois trata de tudo aquilo que o ser humano produz no dia a dia. E em cada uma dessas áreas autorais é possível identificar com mais ênfase uma das palavras-chave apresentadas anteriormente; contudo não se pode deixar de pressupor que muitos inventos decorrem de uma boa dose de criatividade, da mesma forma que uma descoberta pode resultar no invento de um equipamento. Então, apesar da autoria poder ser caracterizada com termos específicos mais ou menos identificados em áreas específicas da ação humana, é preciso considerar uma relação/influência das características nas diferentes áreas num processo que originalmente chamamos de **catavento autoral**.

Figura 2.1   *Catavento autoral*

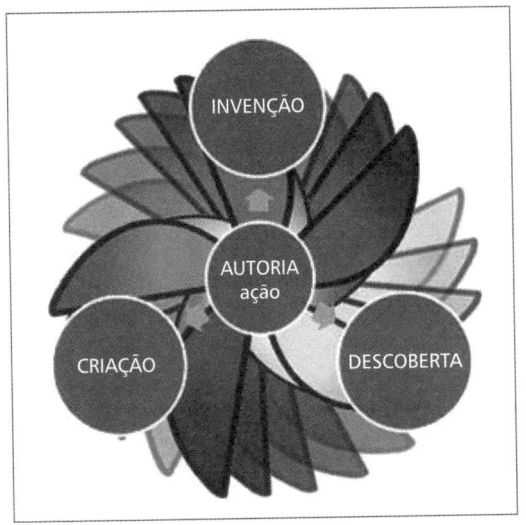

Fonte: elaborada pelo autor.

Entende-se por **catavento autoral** a existência de uma interpenetração entre as diferentes ações/áreas que caracterizam o processo autoral, a partir do que se pode supor que apesar da autoria científica ser um processo essencialmente caracterizado pela descoberta, também é influenciada pela criatividade, inventividade e novidade, uma característica, diga-se de passagem, comum na biografia de vários autores (inventores, cientistas, escritores etc.) como o caso de Leonardo da Vinci, Crick e Watson, James Joyce e outros cujas obras são reconhecidamente produto de uma mistura de genialidade, pesquisa, intuição, inventividade, entre outras características.

Assim, considerando esse quadro de compreensão da atividade autoral, passa-se nesse trabalho à tarefa de análise da autoria especificamente no campo da escrita, partindo do pressuposto que se trata de uma ação, podendo ser caracterizada essencialmente como expressão da multiplicidade de fatores que a influenciam, tal como a criatividade, a inventividade, a descoberta e a instauração de uma novidade, entre outros aspectos. Para a verificação dessa hipótese desenvolve-se a seguir um levantamento histórico das características do autor e da autoria do ponto de vista da produção textual.

2.2 O nascimento do autor e a instituição da autoria

A reflexão sobre o autor do ponto de vista da criação de uma obra escrita tem sido objeto de análises no campo da linguística, da filosofia, da psicanálise e da historiografia, áreas nas quais expoentes intelectuais como Mikhail Bakhtin, Roland Barthes, Michel Foucault, Jacques Lacan e Roger Chartier apresentaram contribuições importantes para a análise e compreensão do sujeito que escreve, o qual historicamente nem sempre foi identificado como autor:

> Para que exista autor são necessários critérios, noções, conceitos particulares. O inglês evidencia bem esta noção e distingue o *writer*, aquele que escreveu uma coisa, e o *author*, aquele cujo nome próprio dá identidade e autoridade ao texto. O que se pode encontrar no francês antigo quando, em um *Dictionnaire* como o de Furetière, em 1690, distingue-se entre os *écrivains* e os *"auteurs"*. O escritor (écrivain) é aquele que escreveu um texto que permanece manuscrito, sem circulação, enquanto o autor (*auteur*) é também qualificado como aquele que publicou obras impressas (CHARTIER, 1998, p. 32).

Essa distinção entre escritor e autor pode ser melhor compreendida considerando-se que na Antiguidade prevalecia a importância da cultura oral sobre a escrita. Ao explicar ao seu amigo Fedro como a escrita teria surgido, Sócrates observa que originalmente a escrita foi inventada com a finalidade de conservar a memória, mas acabou sendo um inconveniente por limitar-se a "repetir sempre a mesma coisa", um simulacro mal elaborado do "discurso vivo e animado do homem sábio". Apesar de reconhecer que há um tipo de discurso escrito, com a finalidade de "reavivar as lembranças dos conhecedores", Sócrates observa que tais escritos precisam ser defendidos com as palavras de seus autores os quais ele denomina filósofos (PLATÃO, 2003, p. 118-125).

Portanto, na Antiguidade o prevalecimento da cultura oral sobre a escrita, a transmissão do conhecimento acumulado era feito de forma narrativa e interpretativa. Nessa situação não existia a noção de propriedade privada do saber ou de determinadas obras. "Assim, a proibição da cópia era impensável, porque a sobrevivência da tribo dependia da cópia para a divulgação de sua cultura" (BRENT, 1994 apud CARBONI, 2010, p. 27).

> Com o advento da cultura escrita, torna-se comum reportar, nos textos, a sua fonte em textos anteriores. No entanto, os textos mais antigos da cultura escrita caracterizavam-se como a agregação e reproduções de textos anteriores com textos novos. Somente com o surgimento da imprensa, a propriedade privada do saber tornou-se uma necessidade, pois ela separou definitivamente a criação da obra do seu processo de divulgação. A originalidade (que na cultura oral representava um perigo mortal para a tribo que lutava por manter o seu equilíbrio) adquire, com o aparecimento da imprensa, uma importância talvez maior do que a própria transmissão da obra ao público (BRENT, 1994 apud CARBONI, 2010, p. 31).

A diferença entre discursividade e escrita verificada entre os autores clássicos da antiguidade também foi uma característica mantida pela patrística, pois embora fossem autores, esse atributo não estava necessariamente vinculado à característica de escritores. O autor era quem tinha a autoridade sobre algum determinado assunto, o qual era pronunciado ou ditado e então passava ao papel pelas mãos de um escriba, ou seja, a autoria era caracterizada pela autoridade que se tinha sobre um discurso e não pelo registro escrito, o que era feito pelos escritores. O "autor [desta] época não estava autorizado a criar o que hoje se entende por literatura, mas apenas a expressar a voz de Deus" (CARBONI, 2010, p. 37).

Interessante observar que essa característica da autoria como papel de atribuição de autoridade sobre um texto conservou-se até a modernidade. Chartier complementa essa ideia explicando inclusive que a noção de originalidade entre o medievo e a modernidade não era uma característica textual, "seja porque [a obra] era inspirada por Deus: o escritor não era senão o escriba de uma Palavra que vinha de outro lugar. Seja porque era inscrita numa tradição, e não tinha valor a não ser o de desenvolver, comentar, glosar aquilo que já estava ali" (CHARTIER, 1998, p. 31).

A personificação do autor como um escritor é um fenômeno que começa a ser instituído no final da Idade Média quando o atributo de autor começa a ser dado também àqueles que escrevem suas próprias obras (CHARTIER, 1998). Apesar de reconhecer que para muitos historiadores a institucionalização da autoria ou a "função autor" resultou da invenção da imprensa, Chartier (2012) argumenta que o século XIV foi importante para o surgimento do autor devido a uma série de "invenções" que contribuíram para a cultura escrita:

> Primeiro, o "autor" (em francês, *aucteur*, transformado mais tarde em *autheur*), dotava os *actores* (escritores da época, por muito tempo considerados simples compiladores e comentaristas, segundo a etimologia da palavra, originada de *agere*, "fazer algo") de uma autoridade tradicionalmente reservada aos antigos *auctores* (palavra originada de *augere*, que significa "dar existência a, criar algo"). Dois séculos mais tarde, Hobbes brincou com essas duas etimologias das palavras "atores" e "autores" no 16º capítulo do seu Leviatã, ao escrever: "Algumas palavras e ações das pessoas artificiais são propriedade daqueles a quem representam. Então, tal pessoa é o ator. E aquele que tem a propriedade de suas palavras e ações é o AUTOR." Segundo, a palavra "escritor" (*écrivain*, em francês) começa a designar no século XIV, a pessoa que compõe uma obra, bem como a pessoa que copia um livro. Terceiro, a palavra "invenção" passava a significar uma criação original, em lugar de uma mera descoberta daquilo que Deus havia produzido. Nos livros manuscritos, com minia-

turas mostrando o retrato do autor, muitas vezes representado em pleno processo de escrever (em ambos os sentidos da palavra), uma tradicional aura de *auctoritates* era transmitida aos escritores contemporâneos, que se expressavam na língua vernácula, ao invés do latim, para compor poemas, romances e histórias, ao invés de obras teológicas, jurídicas ou enciclopédicas (CHARTIER, 2012, p. 58).

Além dessas mudanças, outras transformações ocorridas no século XIV contribuíram para o surgimento do personagem autor vinculado a uma obra escrita tais como a "invenção da 'literatura' como matéria própria do gesto poético" (p. 59), isto é, a compreensão da escrita como uma expressão de si, e a "aliança entre o livro como objeto, a obra e o nome do seu autor" (p. 60) o que passou a caracterizar uma nova concepção do livro como obra de um único autor, uma prática até então incomum, pois tradicionalmente o livro era uma "coleção de textos de variados gêneros, datas e autores" (CHARTIER, 2012, p. 59-60).

Contudo, acredita-se que não se pode ignorar nesse processo de individualização da autoria a confluência de acontecimentos e características como a invenção da imprensa (século XV), a criação do *Index Librorum Prohibitorum* (século XVI) e do surgimento do movimento Pietista (século XVII), todos eles expressões do renascimento cultural que marcou o início da modernidade e a compreensão sobre o autor.

A invenção da imprensa revolucionou a possibilidade de registro e distribuição das ideias, influenciando o modo de compreensão e representação do mundo. O próprio Chartier observa que a partir daí começaram a surgir os primeiros "editores" que adquiriam o privilégio de produzir e comercializar livros sagrados ou científicos sob a concessão da Igreja e das monarquias francesa e inglesa, que desta forma controlavam, sob a chancela religiosa, moral ou política, o que era permitido publicar e o acesso e domínio público dos livros (CHARTIER, 1998, p. 54). Concomitantemente, surgiram editores que não tinham tais privilégios e, sendo alijados de tal sistema, imprimiam e distribuíam obras falsificadas, constituindo-se assim uma nova modalidade econômica, tanto do ponto de vista do advento do interesse pela publicação de obras particulares quanto pelo aumento da demanda da leitura, o que, postula-se aqui, deve-se muito ao Movimento Pietista, uma correlação obtida a partir de uma obra do próprio Chartier, mas que não aparece explorada em seus trabalhos de análise da construção da autoria na história. Veja como se dá tal relação.

A reforma protestante teve o mérito de "descentralizar" o controle doutrinal religioso concedendo autonomia ao fiel para a leitura da Bíblia, o que veio amparado por "uma vasta campanha de ensino da leitura" implementada nas paróquias europeias. Não obstante, nos processos de examinação dos conhecimentos de leitura da Bíblia, os inspetores constataram que se limitavam à memorização e repetição de trechos ensinados na catequese, frutos de uma leitura paroquial do texto sagrado. A partir da "Segunda Reforma", com o surgimento do Pietismo, a relação com o texto bíblico passa a ser individual, o que requer o domínio pleno da leitura. Essa nova relação com a Bíblia inclusive influenciou que ela passasse a ser produzida em escala e com baixo custo (CHARTIER, 1993, p. 121). Assim, parece razoável pensar que esse processo de letramento contribuiu para o desenvolvimento de uma nova individualidade, que influenciou de modo significativo a cultura da época.

> Saber ler é primeiramente a condição obrigatória para o surgimento de novas práticas constitutivas da intimidade individual. A relação pessoal com o texto lido ou escrito libera das antigas mediações, subtrai aos controles do grupo, autoriza o recolhimento. Com isso, a conquista da leitura solitária possibilitou as novas devoções que modificam radicalmente as relações do homem com a divindade. Entretanto, saber ler e escrever permite também novos modos de relação com os outros e os poderes. Sua difusão suscita sociabilidades inéditas e ao mesmo tempo serve de base para a construção do Estado moderno, que apoia na escrita sua nova maneira de proferir a justiça e dirigir a sociedade (CHARTIER, 1993, p. 119).

Reconhecido este processo histórico e maciço de alfabetização, não parece descabido reconhecer que concomitantemente aos hábitos de leitura, pode ter havido um aumento da produtividade da escrita textual que encontrou num nascente mercado editorial a possibilidade de registro e circulação das ideias, o que significava, na prática, uma contestação subversiva da autoridade instituída sobre os textos eclesiásticos e monárquicos. Nesse contexto, faz sentido entender a institucionalização de uma aparelhagem de controle editorial por parte da Igreja chamada de Índice dos Livros Proibidos, sob o pretexto de conter o avanço do protestantismo, mantinha uma lista atualizada de livros considerados transgressores que deviam ser censurados e cujos autores eram punidos. Em relação a esse fenômeno, Foucault e Chartier adequadamente observam o reconhecimento do autor como alguém que é vinculado a uma obra, que apareceu primeiro historicamente como um mecanismo de identificação visando à punição.

Somente mais tarde, no século XVIII, com a aprovação do Estatuto de Anne em 1710, surgiria a ideia do autor como o proprietário de uma obra. Com o objetivo de quebrar o monopólio que os livreiros-editores londrinos tinham sobre as obras dos autores, o estatuto inglês estabelecia um período para a exploração comercial de uma obra, correspondendo a quatorze anos, renováveis por mais quatorze, caso o autor ainda estivesse vivo. Preocupados com os próprios interesses, os editores da época opuseram-se ao estatuto inventando o papel do autor proprietário como quem detém o privilégio perpétuo sobre sua obra criada, "pois, se o autor se torna proprietário, o livreiro também se torna, uma vez que o manuscrito lhe fora cedido" (CHARTIER, 1998, p. 63). Nesse contexto é que a distinção entre escritor e autor se afirmou caracterizando a figura do autor como aquele cujo nome representa obras impressas, circulantes entre o público, diferentemente dos escritores que produziam apenas manuscritos. Além disso, cabe observar como nessa época surgiu a figura do autor que pretendia viver dos ganhos obtidos pela comercialização das suas obras, uma reivindicação de autores como Diderot, Rousseau e Locke, que defenderam isso como uma modalidade de trabalho, fazendo de seu reconhecimento e remuneração algo justo e desejado (CHARTIER, 1998). Isso acaba sendo legitimado pela institucionalização do que existe até a atualidade e é conhecido legalmente como direito autoral o que, invariavelmente no campo jurídico, tem a ver com a preservação e a garantia dos privilégios materiais do autor provenientes de sua obra.

Entretanto, concomitantemente ao processo de atribuição de propriedade de um texto ao autor desenvolveu-se a noção de identificação da relação pessoa/obra. Uma passagem ilustrativa desse processo de singularização e identificação autoral é comentada por Chartier da seguinte forma:

> Até o início do século [XVIII] as peças e personagens de Shakespeare foram para muitos dramaturgos uma espécie de propriedade comum, disponível para apropriação, reutilização e plágio textual. Por volta de 1710, suas peças começaram a receber o *status* de textos canônicos, e seu autor passou a ser considerado como a fonte única de sua perfeição (CHARTIER, 2012, p. 52).

Nesse exemplo, Chartier faz uma atribuição da expressão foucaultiana "função autor" a Shakespeare, que passa a ser reconhecido como uma figura identificadora e unificadora de uma determinada obra, o que inaugurou a ideia de autor como referência e autoridade destacando-o de sua própria obra, um aspecto interessante que possibilita o desenvolvimento de uma análise do papel do autor na atualidade numa perspectiva diferente da interpretação moderna, vinculando essa personagem à ideia de "proprietário de um texto". E nesse trabalho considera-se como ponto de partida paradigmático dessa incursão, a reflexão desenvolvida por Michel Foucault sobre o papel e característica do autor, a qual pode ser considerada um marco na compreensão contemporânea da autoria.

2.3 A autoria na pós-modernidade

Inicialmente, a caracterização de Foucault como pós-moderno advém da obra seminal de David Harvey, que teve por escopo a descrição da pós-modernidade como uma manifestação cultural típica do século XX, cuja essência corresponde a uma estética capitalista, caracterizada pelo individualismo, pela fragmentação, pelo hedonismo, pela superficialidade, pela relatividade, em suma, por ser uma época de crise de valores e de crenças historicamente consolidados (HARVEY, 2006).

> [...] o pós-modernismo, com sua ênfase na efemeridade da *jouissance*, sua insistência na impenetrabilidade do outro, sua concentração antes no texto do que na obra, sua inclinação pela desconstrução que beira o niilismo, sua preferência pela estética, em vez da ética, leva as coisas longe demais. Ele as conduz para além do ponto em que acaba a política coerente, enquanto a corrente que busca uma acomodação pacífica com o mercado o envereda firmemente pelo caminho de uma cultura empreendimentista que é o marco do neoconservadorismo reacionário. Os filósofos pós-modernos nos dizem que não apenas aceitemos, mas até nos entreguemos às fragmentações e à cacofonia de vozes por meio das quais os dilemas do mundo moderno são compreendidos (HARVEY, 2006, p. 111).

Foucault é considerado por Harvey um dos expoentes dessa nova ordem histórico-cultural, porque suas ideias constituem-se "uma fonte fecunda da argumentação pós-moderna" por contribuírem para a dissociação da noção de poder vinculada ao Estado, analisando-o na perspectiva "microfísica" das instituições. Como Harvey é um crítico do Estado capitalista, considera que as ideias de Foucault influenciaram no enfraquecimento das possibilidades de enfrentamento das "formas centrais de exploração e repressão capitalista" (HARVEY, 2006, p. 51). Entretanto, a análise do pensamento de Foucault relacionada à sua concepção de autor parece ter elementos que permitem muito mais encontrar pontos de acordo com a postura crítica anticapitalista de Harvey do que refutá-la, caso fosse analisada nesses termos (o que não é objeto deste trabalho). Apenas como ilustração dessa inferência, destaca-se que a noção de autoria de Foucault contribuiu para a ressignificação do papel de autor legado pela modernidade, qual seja, a sua vinculação a um texto como um produto de trabalho que merece um salário, algo precisamente destacado por Chartier com os seguintes termos: "Quer seja ele encarado como uma propriedade plena, que seja identificado com uma recompensa, o direito do autor sobre a sua obra encontra sua justificativa fundamental na assemelhação da escrita a um trabalho" (CHARTIER, 1999, p. 40). Entretanto, partindo das reflexões de pensadores como Beckett, Mallarmé e Barthes (também considerados pós-modernos), Foucault desenvolve uma análise sobre a autoria na perspectiva do "desaparecimento do autor", portanto, ignorando a relação autor-proprietário-salário, procurando identificar neste "espaço vazio" uma nova concepção de autoria que basicamente é estabelecida na reflexão sobre duas caracterizações inovadoras denominadas de **função autor** e de **instauração de discursividades** as quais são aqui consideradas elementos fundadores da análise pós-moderna da autoria.

2.4 Singularização da autoria: a função autor

Para Foucault, a função autor é uma "característica do modo de existência, de circulação e de funcionamento de alguns discursos no interior de uma sociedade" (FOUCAULT, 2009, p. 46). Assim, o autor é compreendido como uma "função classificativa" (p. 44) dos discursos, o que permite identificar características e padrões textuais de certos escritos que podem ser agrupados distintamente em relação a outros. Por isto, para Foucault, o nome de um autor atribuído a uma obra não se esvazia no papel de individualização de uma pessoa, mas tem a ver com a atribuição da singularidade da obra.

A argumentação foucaultiana sobre o autor complementa assim a reflexão estabelecida de que "o sujeito da escrita está sempre a desaparecer" (p. 35), pois do ponto de vista do conteúdo textual, não importa quem escreve e nesse aspecto apresenta concordância como observado por autores como Barthes (2004), para quem "linguisticamente, o autor nunca é nada mais para além daquele que escreve, 'tal' como eu não é senão aquele que diz eu: a linguagem conhece um 'sujeito', não uma 'pessoa', e esse sujeito, vazio fora da própria enunciação que o define, basta para fazer 'suportar' a linguagem, quer dizer, para a esgotar." Contudo, para Foucault interessa ir além da compreensão barthesiana de ausência do autor em um texto cuja identidade é um *status* conferido pelo leitor mais do que por quem escreve. É a partir da análise dos problemas decorrentes da noção de "substituição do privilégio do autor" (p. 37) que Foucault procura assim "localizar o espaço deixado vazio pelo desaparecimento do autor, seguir de perto a repartição das lacunas e das fissuras e perscrutar os espaços, as funções livres que esse desaparecimento deixa descoberto" (FOUCAULT, 2009, p. 41)

O indivíduo que escreve pode ser entendido como um personagem coadjuvante no processo da escrita, pois o destaque cabe mais a instauração de discursividades do que autoafirmação pessoal (FOUCAULT, 2009).

> Nesta perspectiva depreende-se que o que se tem a dizer sobrepõe-se a quem o disse. Desta maneira, o conteúdo é mais importante que seu emissor, pois a finalidade da discursividade é o fomento do debate. Nesta indiferença ao autor, Foucault (2002) entende que subjaz o princípio ético da escrita contemporânea na qual o autor não está vinculado a uma escrita e, portanto desaparece. E isto é aceitável em relação ao autor que nada mais é do que uma função.
>
> Mas então porque indicar o autor citá-lo como feito acima, se o mais importante é a discursividade? Inicialmente o próprio Foucault (2002) apresenta um motivo que justifica a atribuição de autoria de uma ideia a alguém. Para ele, em certas circunstâncias, esta é uma forma de indicar que se trata de um discurso diferenciado e que deve ser recebido com certo *status*. Além disso, a nomeação do autor em algumas áreas, como por exemplo, na biologia e na medicina, tem o papel de dar indícios de "fiabilidade" metodológica ao que é apresentado para discussão.
>
> A indicação do autor também é importante porque é uma forma de se respeitar o interlocutor numa discussão, reconhecendo-o como o agente emissor da ideia que está sendo apre-

sentada. Ademais é um ato de honestidade do redator, que reconhece os limites do alcance que tem o próprio conhecimento. Ao indicar a autoria de determinada ideia o redator deixa de parecer aos olhos do leitor alguém exclusivamente – ou mesmo brilhantemente – responsável pelo que está sendo apresentado (KROKOSCZ, 2012, p. 4).

A originalidade da contribuição decorrente da reflexão foucaultiana sobre a função autor é a percepção de que autor e autoria são elementos muito mais distintos do que o conferido pelo seu significado gramatical. Enquanto o autor geralmente está relacionado a uma pessoa, a autoria tem a ver com a obra e essa é a reflexão subjacente à ideia de função autor apresentada por Foucault. Nesse sentido, a importância de quem escreve pode até ser desprezível, pois a essência da autoria está intrinsecamente ligada à noção de escrita e de obra, que são os elementos nos quais se desdobra o que é chamado de "[...] nome do autor e que serve para caracterizar um certo modo de ser do discurso" (FOUCAULT, 2009, p. 45).

Foucault observa que este "nome de autor" não tem a ver com uma identidade civil, com uma pessoa real, mas está relacionado à caracterização de um texto do ponto de vista social e cultural, conferindo-lhe uma forma de existência particularizada, o que pode ser identificado por meio do reconhecimento de quatro características fundamentais assim resumidas por ele:

> [1] A função autor está ligada ao sistema jurídico e institucional que encerra, determina, articula o universo dos discursos; [2] não se exerce uniformemente e da mesma maneira sobre todos os discursos, em todas as épocas e em todas as formas de civilização; [3] não se define pela atribuição espontânea de um discurso ao seu produtor, mas através de uma série de operações específicas e complexas; [4] não reenvia pura e simplesmente para um indivíduo real, podendo dar lugar a vários "eus" em simultâneo, a várias posições-sujeitos que classes diferentes de indivíduos podem ocupar (FOUCAULT, 2009, p. 56).

Entretanto, aprofundando a reflexão, Foucault analisa a implicação de tais características da "função autor". Indo além da mera produção textual de um livro ou de uma obra, apresenta algumas ideias sobre o que chama "instauração de discursividade". É uma distinção singular que permite identificar em certos autores mais do que produzir suas obras, criaram "a possibilidade e a regra de formação de outros textos" (FOUCAULT, 2009, p. 58), uma especificidade que leva à discussão sobre a natureza e particularidade da autoria científica, tema do próximo capítulo. Por ora, cabe enfatizar que uma das contribuições de Foucault foi possibilitar o amadurecimento da reflexão sobre o entendimento do papel do autor e da autoria em relação à produção textual, a qual adquiriu maior complexidade diante das mudanças históricas, culturais, filosóficas e comportamentais que caracterizam o que é conhecido como pós-modernidade, cujas implicações obtiveram alcances muito além da noção do autor como alguém que simplesmente detém uma obra, aspectos que na opinião de historiadores como Chartier significaram "o esboço de uma descoberta histórica sobre a emergência e as variações desse regime particular de citações de textos, que os identifica a partir de sua relação com um nome próprio cujo funcionamento é inteiramente específico: o nome do autor" (CHARTIER, 1999, p. 36).

Não obstante a importância das reflexões que permitiram o resgate da ideia de autor e as implicações que tiveram na contemporânea concepção da autoria, não se pode ignorar na caracterização da autoria na atualidade o papel e a influência do surgimento do computador pessoal e do desenvolvimento da rede mundial de computadores duas novas tecnologias importantes nos processos de informação e comunicação.

2.5 A revolução tecnológica e a pulverização da autoria

As novas tecnologias de informação e comunicação (entenda-se aqui o computador e a Internet) estão para a autoria na pós-modernidade como a imprensa estava para o autor no início da modernidade. A diferença fundamental é que enquanto a invenção de Gutenberg favoreceu o processo de identificação do autor, a rede mundial de computadores estabeleceu novas possibilidades para a autoria.

Com os programas computacionais de edição de texto, a atividade de produção textual tornou-se mais simples e fácil de ser realizada, pois as funções de apagamento e recorte possibilitam que o trabalho de escrita seja feito e refeito instantaneamente. Parágrafos e páginas podem ser reorganizadas com alguns cliques e o mesmo trabalho pode ser arquivado em várias versões diferentes. Essas características têm na prática uma influência significativa no processo de escrita. Por exemplo, a preocupação com o erro, a ordem das ideias desenvolvidas, a preservação do texto original passam a ser quase insignificantes porque com o uso do programa de edição eletrônica do texto, essas "preocupações" deixaram de existir porque a tarefa de refazer, reorganizar e arquivar se tornaram mais simples e fáceis de serem executadas. A escrita se tornou trivial, senão banal. Certamente pode-se pensar que os recursos computacionais de escrita foram libertários, porque permitiram aos escritores/autores terem mais ousadia no desenvolvimento textual, já que não tinham que temer com uma escrita definitiva ou com o trabalho que teriam com a reescrita. Diante dessas considerações, não parece absurdo admitir diante de tais facilidades a intensificação da atividade de produção textual e, consequentemente, o surgimento e crescimento do número de escritores ainda que certamente subordinados a critérios qualitativos de seleção textual, caracterizados pela exigência de um padrão discursivo minimamente adequado às diferentes plateias de leitura. A atividade da escrita se materializa no texto, mas se conserva na medida em que obtém audiência.

Se por um lado o uso da tecnologia computacional facilitou o trabalho de produção textual, com o desenvolvimento da rede mundial de computadores, a Internet, o uso privado desse recurso pelo público comum tornou o acesso à informação uma possibilidade incrível de obtenção e compartilhamento das ideias produzidas por indivíduos particulares, bem como de acesso ao conhecimento acumulado pela história da humanidade, desenvolvendo assim a noção de "patrimônio comum", algo que nunca antes do ponto de vista da disponibilidade e acesso à informação tinha sido tão rico e concreto (GUEVARA; DIB, 2007, p. 10).

Com o uso dos computadores e a Internet, a experiência da escrita passou a ser um hábito comum para as pessoas que têm acesso a essas tecnologias, pois os processos de comunicação interpessoal adquiriram novas modalidades. O mecanismo de troca de correspondências, que antes dessas tecnologias geralmente era feito por meio de cartas manuscritas, passou a ser realizado por *e-mail*, um texto redigido e enviado eletronicamente, uma modalidade mais simples, rápida e eficaz para a transferência de mensagens. Além disso, a possibilidade de aquisição de domínios na Internet (*websites*), endereços de lugares específicos na rede destinados à oferta de serviços, comercialização de produtos, troca de informação, realização de debates (fóruns) ou até mesmo registro da vida cotidiana em um diário virtual (*blogs*) diversificaram os meios possíveis de expressão textual na rede. Atualmente, a participação nas redes sociais e o uso de programas de troca de mensagens instantâneas têm sido os recursos comumente utilizados nos processos de comunicação interpessoal, principalmente devido ao surgimento dos *smartphones*, os equipamentos de telefonia pessoal por meio dos quais facilmente se acessa à Internet e assim se pode compartilhar por escrito qualquer coisa ou "curtir" o que foi publicado por outra pessoa.

Então, nesse novo cenário, todas as pessoas que têm acesso a essas tecnologias podem ser caracterizadas como **"redautores"**, isto é, sujeitos responsáveis por parte da produção escrita da contemporaneidade, que não são como os escritores profissionais, cujas obras são triadas por um escrutínio editorial antes de serem publicadas, e tampouco são autores, no sentido de que não possuem, diga-se assim, um padrão foucaultiano de discursividade. Assim, com as novas tecnologias, desenvolveu-se essa nova prática de escrita que inelutavelmente tem implicações no modo de concepção da autoria, como bem ilustra o caso de Kenneth Goldsmith, autor do livro *Uncreative writing* e professor da Universidade da Pensilvânia, na qual leciona uma disciplina homônima ao título do livro. Parodiando Douglas Huebler, Goldsmith considera que "o mundo está cheio de textos, mais ou menos interessantes; e [portanto] não quer acrescentar nenhum a mais". Assim, defende que a condição de escrita criativa e original, na atualidade, consiste em reproduzir (plagiar e transcrever) o que já existe, por isto em suas aulas "[...] estudantes são penalizados por apresentarem qualquer traço de originalidade e criatividade. Ao contrário, eles são recompensados por plagiar, roubar identidades, reapresentarem trabalhos, fazerem pastiches, mixagens, saques e roubos" (GOLDSMITH, 2011, p. 8, tradução nossa).[1] Esta noção de crise da originalidade ou de necessidade de reconsideração do que se entende por criação autoral é uma temática importante para esse trabalho, a qual será apropriadamente discutida adiante. Por enquanto, pontuá-la aqui cumpre apenas uma função indiciária, a qual contribui na explicitação de que a concepção de autoria na pós-modernidade é um fenômeno que, a partir da reflexão de Foucault, adquiriu um novo delineamento, não esgotando as possibilidades de análise desse tema, tornando-se ainda mais complexo com o advento das novas tecnologias de informação e comunicação.

2.6 Novas conotações e fenômenos autorais

Os impactos decorrentes do advento da pós-modernidade vêm sendo verificados e discutidos em diversos campos, caso do movimento *ready-made* e da *pop art* nas artes, da desconstrução da filosofia e da reflexão sobre a natureza da autoria no âmbito da linguística e da filosofia. Mais recentemente tais impactos vêm sendo refletidos em relação à escrita não criativa na produção literária e também vêm ganhando espaço em uma linha de reflexão no campo dos direitos autorais, como a que pode ser verificada na obra de Guilherme Carboni (2010). É fundamentada no pressuposto de que a concepção tradicional de propriedade au-

---

[1] "[...] students are penalized for showing any shred of originality and creativity. Instead, they are rewarded for plagiarism, identity theft, repurposing papers, patchwriting, sampling, plundering and stealing" (GOLDSMITH, 2011, p. 8).

toral não mais abrange as novas modalidades autorais decorrentes das mudanças geradas pela revolução digital, caso do amplo e livre acesso possibilitado pela Internet às redes de informação. Carboni (2001, p. 15) respalda-se "no conceito de rizoma apresentado por Gilles Deleuze e Féli Guattari, na teoria da multidão, que foi teorizada por Spinoza e, hoje, vem sendo retomada no trabalho de Michael Hardt e Antonio Negri; e, finalmente, na teoria da subjetividade coletiva, representada por José Maurício Domingues" faz uma crítica a concepção autoral subjetivista oriunda da modernidade, qual seja a noção do autor-criador cuja identificação com a obra é entendida como uma condição natural de reconhecimento e propriedade. Carboni discute que o advento das tecnologias digitais e da Internet possibilitaram novas modalidades autorais caracterizadas pela interatividade e consequentemente a pulverização de uma identidade autoral. Exemplificando o que acontece com a Wikipédia, os *softwares* livres e as obras licenciadas na forma *creative commons*. Em todos esses casos, argumenta que não há uma identidade autoral individualizada, podendo ser atribuída à propriedade patrimonial ou moral da obra. O produto resultante da ação coletiva sobrepõe-se aos indivíduos, implicando na apoteose da obra sobre uma postulável insignificância do autor. Esse é um dos aspectos que caracteriza fundamentalmente o fenômeno autoral da Wikipédia.

2.7 Wikipédia: autoria coletiva e interesse público

A autoria coletiva é um fenômeno notório na história da humanidade e o exemplo mais clássico é a própria Bíblia. Uma coletânea de textos de caráter religioso escritos num período correspondente a cerca de mil anos e que contou com o envolvimento de diversos autores.

Uma versão atualizada de composição autoral flexível e adaptável às novas condições e possibilidades de cada época é a Wikipédia, uma enciclopédia eletrônica que vem sendo perenemente construída e permanentemente editada na Internet desde 2001, quando foi fundada pelo norte-americano Jimbo Wales. A possibilidade de editoração livre na Internet deve-se ao fato de que a enciclopédia é editada sobre um *software* do tipo *wiki* (uma expressão havaiana que significa rápido, veloz, ligeiro) o qual foi desenvolvido por Ward Cunningham em 1993 para ser um hipertexto colaborativo, podendo ser editado por qualquer usuário com acesso à Internet.

O objetivo principal da Wikipédia é criar uma enciclopédia livre e universal, escrita em vários idiomas. Qualquer pessoa que tenha acesso à Internet pode publicar, copiar, modificar e distribuir qualquer conteúdo publicado com qualquer finalidade, mesmo comercial, desde que atenda aos parâmetros da licença *Creative Commons Attribution-Share Alike* que permite copiar, redistribuir, remixar, transformar a partir de um determinado material desde que mantenha o conteúdo disponível para outros sob a mesma condição e a *GNU Free Documentation License* trata de uma licença para documentos e textos livres, permitindo

> que textos, apresentações e conteúdo de páginas na Internet sejam distribuídos e reaproveitados, mantendo, porém, alguns direitos autorais e sem permitir que essa informação seja usada de maneira indevida. A licença não permite, por exemplo, que o texto seja transformado em propriedade de outra pessoa, além do autor ou que sofra restrições a ser distribuído da mesma maneira que foi adquirido. Uma das exigências da FDL é que o material publicado seja liberado também em um formato transparente para melhor se poder exercer os direitos que a licença garante (WIKIPEDIA, 2014a).

Entretanto, apesar dessas duas licenças permitirem o uso livre de conteúdos, ambas exigem a condição de que os autores originais sejam creditados e o direito de uso livre por outras pessoas seja mantido.

Tudo na Wikipédia pode ser editável nos termos apresentados, até mesmo a página biográfica do fundador. Apenas a página que contém os cinco princípios fundadores que definem a natureza da Wikipédia não pode ser alterada pelos usuários. São eles: enciclopedismo, neutralidade do ponto de vista, licença livre, convivência comunitária e liberalidade nas regras. Esses pilares estabelecem os parâmetros fundamentais que garantem a conservação original do projeto como uma iniciativa de produção e distribuição de conhecimentos de caráter livre e gratuito. Por exemplo, na versão em inglês desses pilares, na descrição do terceiro pilar que se refere ao caráter de conteúdo livre, é literalmente recomendado ao usuário que deve "respeitar as leis de direitos autorais, e nunca plagiar a partir de fontes" (WIKIPÉDIA, 2014b).[2]

Alguns aspectos que caracterizam a Wikipédia merecem destaque. Apenas entre a comunidade lusófona a página inicial da enciclopédia estima que 1.247.433 usuários fazem parte da comunidade de editores voluntários cadastrados, mas além desses, qualquer pessoa mesmo sem cadastro pode editar as páginas da Wikipédia. Entretanto, em qualquer uma das duas situações o texto publicado não é assinado por seu autor, apesar da exigência de que sejam dados os créditos às fontes consultadas. Assim, na Wikipédia a primazia do destaque é dada à obra, ao conteúdo e não ao seu autor original e tampouco aos colaboradores que contribuíram para melhorar uma página.

Em relação a essa característica, alguns aspectos podem ser discutidos, como a ausência de fidúcia ou garantia autoral da validade de um texto, que em geral é conferido pelo *status* de seu autor, o que se refere à chamada função autor. Se isto não existe na Wikipédia, como aferir e confiar na qualidade dos textos publicados? Em relação a isso, a principal garantia da qualidade dos textos publicados é dada pela própria comunidade de colaboradores que apresentam aos pares artigos para serem publicados numa seção de artigos destacados. Durante um período de trinta dias o artigo apresentado é avaliado e votado pelos pares de acordo com critérios preestabelecidos, permitindo classificar os artigos nas seguintes categorias: destacados, bons, artigos desenvolvidos, artigos pouco desenvolvidos, esboços, mínimos/esboços muito limitados e não avaliados. Apesar da escala de

---

[2] "[...] respect copyright laws, and never plagiarize from sources" (WIKIPEDIA, 2014b).

critérios de avaliação para o pertencimento a cada uma dessas categorias ser qualitativa, a Wikipédia informa que atualmente há 608 artigos identificados pela comunidade lusófona como de excelente qualidade, um número extremamente pequeno comparado aos 819.153 artigos publicados na língua portuguesa, o que representa a existência de um controle que tem uma certa rigorosidade visando à qualidade dos artigos publicados (WIKIPÉDIA, 2014c). Sobre o aspecto da qualidade dos textos, na própria Wikipédia há uma página descrevendo um estudo relacionado a isso feito pela revista *Nature*:

> Em 14 de Dezembro de 2005, o jornal científico Nature publicou os resultados de um estudo comparativo entre a Enciclopédia Britannica e a Wikipédia acerca da preocupação científica nos artigos. Esta foi a primeira revisão comparativa desta natureza a respeito da Wikipédia, feita por especialistas em ciência em seus respectivos campos de trabalho. Foram fornecidos a eles artigos sobre assuntos de suas respectivas competências, um da Britannica e outro da Wikipédia. Os cientistas não sabiam a fonte dos artigos e foram solicitados a procurar por erros factuais, omissões de crítica e declarações mal interpretadas. Após examinarem quarenta e dois artigos de ambas as enciclopédias, a revista *Nature* obteve o seguinte resultado:
>
> Britannica: 123 erros, em média a cada 2.92 artigos.
>
> Wikipédia: 162 erros, em média a cada 3.86 artigos.
>
> Esses dados mostram que, pelo menos em ciência, Wikipédia tem a exatidão comparável a outras enciclopédias modernas. Entretanto, alguns dos artigos de Wikipédia foram considerados *"mal estruturados e confusos"*. Em março de 2006, a Britannica criticou esse estudo como impreciso em *"quase tudo sobre a investigação do jornal, desde os critérios para identificar imprecisões à discrepância entre o texto do artigo e seu título, como errado e enganador"* e que *"162 erros"* não eram erros realmente (WIKIPÉDIA, 2014d).

Ainda que a qualidade do produto textual publicado na Wikipédia não corresponda inteiramente à excelência editorial encontrada em obras, que passam por critérios de revisão institucionalizados, a iniciativa, a adesão e a interação livre e permanente entre todos os usuários, em função da edificação do conhecimento, é uma possibilidade que representa um modelo alternativo e paradigmático no processo autoral, no qual se privilegia mais a obra do que seus autores. Isso não significa que a Wikipédia ignora ou banaliza os direitos autorais. Um dos pilares intocáveis da enciclopédia estabelece o reconhecimento dos direitos autorais e recomenda-se na página sobre direitos autorais para que seja atribuído "crédito aos autores do artigo da Wikipédia que foi usado (um *link* direto para esse artigo satisfaz as nossas exigências de crédito aos autores)" (WIKIPÉDIA, 2014e). Nas diretrizes de publicação da página inglesa consta como orientações de *copyright and plagiarism*: "Não plagie ou viole direitos autorais ao usar fontes. Resuma a fonte de origem com as suas próprias palavras, tanto quanto possível; ao citar ou fazer um pastiche de uma fonte faça uma citação com recuo do parágrafo faça a indicação da autoria local mais apropriado do texto" (WIKIPÉDIA, 2014f).[3]

Quanto à ausência de assinatura dos artigos a Wikipédia, cabe retomar a reflexão desenvolvida por Carboni (2010) sobre este mesmo assunto. Revisando Burke (2000), Carboni observa que de acordo com esse autor "existe sempre um contrato ético firmado entre o autor e seu discurso", cuja finalidade fundamental é "estabelecer uma estrutura por meio da qual se possa sempre recorrer ou re-chamar o autor para o seu próprio texto", estabelecendo desta forma a assinatura como uma forma de "prestação de contas" o que caracteriza a exigência da assinatura de um texto como "uma instituição dotada, intrinsecamente, de ética e fidúcia. Assim como não há qualquer contrato sem assinatura, também não haveria ética no discurso sem a sua assinatura" (CARBONI, 2010, p. 170-171). Carboni concorda com tais pressupostos argumentando que a atribui-

---

[3] "Do not plagiarize or breach copyright when using sources. Summarize source material in your own words as much as possible; when quoting or closely paraphrasing a source use an inline citation, and in-text attribution where appropriate" (WIKIPÉDIA, 2014f).

ção da autoria a um texto é uma condição de direito moral que, além da proteção do sujeito autor, serve preventivamente no controle da atribuição autoral indevida, caso configurado quando uma pessoa qualquer produz um texto próprio ou toma um texto anônimo e o assina com o nome de um autor notadamente reconhecido com o intuito de dar credibilidade ao texto por meio dessa falsificação autoral.

> Se não houvesse uma clara identificação do autor de uma obra ou de uma informação, estariam comprometidos os princípios de transparência e da veracidade das informações, necessários à formação de um espaço público democrático, principalmente no âmbito da Internet, onde circula muita informação "sem lastro", isto é, sem que possa comprovar a sua verdadeira autoria e procedência [...] (CARBONI, 2010, p. 172).

Apesar de essa preocupação ser procedente, parece não alcançar o fenômeno autoral "anônimo", que se verifica na Wikipédia, pois ainda que não haja a assinatura de cada texto por um autor ou grupo de autores específicos, existem mecanismos de controle da qualidade editorial, os quais vêm sendo desenvolvidos coletivamente, visando justamente a garantia da verdade contida nos artigos publicados de modo que seja respeitado o direito público à informação verdadeira. Além disso, apesar de a produção em rede da Wikipédia pulverizar os autores individuais em um texto coletivo, o reconhecimento da procedência autoral é mantido por meio do canal onde é veiculado. Nesse caso, para fins até mesmo jurídicos de atribuição de responsabilidade penal, se necessário, isso acaba recaindo sobre a personalidade jurídica, que no caso da Wikipédia é a Wikimedia Foundation, uma entidade americana sem fins lucrativos sediada em São Francisco subordinada à legislação local. Então, embora não exista um autor individual para cada artigo publicado na Wikipédia, existe uma instituição representando a autoria de forma coletiva; inclusive, do ponto de vista da legislação nacional, corresponde àquela "criada por iniciativa, organização e responsabilidade e uma pessoa física ou jurídica, que a publica sob seu nome ou marca e que é constituída pela participação de diferentes autores, cujas contribuições se fundem numa criação autônoma" conforme consta do artigo 5º, inciso VIII, letra "h" da Lei de Direitos Autorais brasileira (Lei nº 9.610/98).

Entretanto, de modo geral, concorda-se com Carboni que a implicação mais imediata dessas novas modalidades autorais é a apresentação de uma demanda urgente de revisão das leis de direitos autorais que são pautadas fundamentalmente na concepção autoral clássica, que notadamente estão em "descompasso" com os novos contornos autorais da pós-modernidade. Adequadamente exemplifica com o "fato de que o direito autoral ainda atingiu um almejado balanceamento entre o interesse dos titulares de direito pela proteção de suas obras e o interesse da coletividade pela sua livre utilização, especialmente quando o seu uso é privado e sem intuito de lucro, que é o que ocorre na maior parte das vezes quando alguém compartilha um arquivo na Internet" (CARBONI, 2001, p. 159).

A alternativa apresentada por Carboni (2001, p. 167) é a reforma das leis de direitos autorais que pode ocorrer em relação à flexibilização do direito autoral, quando a cópia tem finalidade privada, sem intuito de lucro, caso por exemplo "[...] dos alunos, professores, pesquisadores e acadêmicos em geral; ou então de quem digitaliza obras protegidas com o mero intuito de preservação do suporte; ou, ainda, de quem realiza uma única cópia privada, sem fins comerciais. [Entretanto], a Lei nº 9.610/98 coloca todos esses "usuários" num mesmo patamar ao tratar da violação de direitos autorais" (CARBONI, 2001, p. 180).

Apesar da importância esclarecedora da abordagem de Carboni sobre a atualidade das demandas relacionadas à autoria, constata-se que do ponto de vista do interesse desse estudo que é a discussão da concepção autoral autêntica (criação) e inautêntica (plágio) do campo da produção textual científica, a reflexão sobre a "necessidade de superação do paradigma da titularidade estável da autoria" em prol de uma função social mais colaborativa e adequada à noção de economia de informação em rede é insuficiente para o avanço da concepção autoral científica. Nesse campo, o problema relacionado à autoria nem é tanto quanto ao uso livre desde que tenha a atribuição de créditos ao autor original, mas sim ao fato de apresentar-se de forma dissimulada, fabricada ou falsificada. Portanto, o problema autoral no campo científico é mais de ordem ética por estar mais diretamente relacionado à possibilidade de ocorrência de fraude do que jurídica, no que se refere ao direito de apropriação. A partir dessa constatação é que se impõe a necessidade de aprofundar e refletir sobre a especificidade da autoria científica, tema do próximo capítulo.

3

Autoria científica

Embora possa parecer que a atividade autoral no campo da escrita seja algo que possa ser diferenciado apenas por aspectos convencionais como tipos e gêneros textuais, qualquer pessoa minimamente familiarizada com um texto científico percebe que ele é bastante diferente dos outros textos, especialmente daqueles do campo literário. O texto científico é geralmente utilizado como um recurso de comunicação científica e obedece a uma estrutura fixa, que requer do trabalho autoral do cientista apenas um preenchimento textual. Assim, a autoria científica apresenta-se de forma fria e indiferente, pois o escopo da obra textual é a apresentação de um resultado de pesquisa validado e aceito. Entretanto, essa indiferença autoral em relação à obra científica, embora seja reconhecível na padronização canônica dos textos acadêmicos caracterizados pela estrutura com introdução, método, resultados e discussão, apresenta diversas distorções e fraudes no processo autoral científico, no que diz respeito às seguintes questões: quem de fato pode ser considerado autor em um trabalho científico? Quantas pessoas podem ser elencadas como autores? Como estabelecer parâmetros que determinem de forma objetiva a elegibilidade de alguém como autor em um trabalho científico? Como definir a importância autoral científica em um trabalho com vários autores? Quais são os princípios éticos que norteiam a autoria científica? O que caracteriza um autor científico?

Essas questões apresentam um elenco de situações que vêm demandando reflexão sobre o processo autoral no campo científico e sinalizam uma série de dificuldades e desafios, que requerem amadurecimento reflexivo e construção de consensos, pois o reconhecimento da ausência disso cria um mal-estar no âmbito científico, por parecer que a falta de respostas a essas questões não é um problema, porém simultaneamente compartilham-se sensações e preocupações quanto ao aumento das evidências de ocorrência de fraudes ou até mesmo em relação à intensificação desse tipo de caso.

Alguns aspectos correlacionados às exigências apresentadas em relação a isso e que podem auxiliar na exploração de algumas pistas para a compreensão do processo autoral no campo científico dizem respeito à identificação das especificidades da autoria científica, o levantamento das condições históricas nas quais ela se insere na atualidade, bem como na busca do estabelecimento de alguns parâmetros éticos e consensuais que permitam o reconhecimento da autoria científica. A culminância das reflexões deste capítulo será a análise do desenvolvimento do estilo como instrumento de identidade nos processos autorais científicos.

3.1 A especificidade da autoria científica

A especificidade da autoria científica tem sido objeto de discussão na academia há muito tempo. Pode-se destacar, por exemplo, a reflexão feita pelo cientista inglês Charles Peirce Snow, na obra *As duas culturas* (1965), na qual analisa as relações e divisões existentes entre os chamados intelectuais literários e os intelectuais cientistas. Para Snow, (1965, p. 24), há uma distância grande entre essas duas áreas de conhecimento e considera "bizarro o fato de muito pouco da ciência do século XX ter sido assimilado pela arte do século XX". Defende a opinião de que se não fosse o "esnobismo" científico em relação à cultura literária, o mundo poderia ter se desenvolvido muito mais, por exemplo, atenuando a condição de pobreza que torna a "vida, para a esmagadora maioria da humanidade, desagradável, brutal e curta" (SNOW, 1965, p. 48). Por esse motivo, Snow (1965, p. 56) argumenta:

> A aproximação das nossas duas culturas é uma necessidade no sentido intelectual mais abstrato, assim como no sentido mais prático. Sempre que estes dois sentidos se desenvolvam separadamente, nenhuma sociedade será capaz de refletir com bom-senso. Pela causa da vida intelectual, para salvar este país de um perigo especial, por uma sociedade ocidental onde vivem, precariamente, ricos entre pobres, por amor dos pobres que não precisam de ser pobres se houver inteligência no mundo [...].

Diante de tal circunstância, Snow (1965, p. 97) defende que a solução pragmática e completa diante de tal situação é a educação e assevera: "As modificações na educação não resolverão, por si só, os nossos problemas, mas, sem essas modificações, nem sequer nos aperceberemos da natureza dos problemas".

Embora essa reflexão de Snow seja de longa data, a atualidade de suas ideias permanece válida. Por exemplo, recentemente um artigo publicado no encarte *The New York Times International Weekly*, do jornal *Folha de S. Paulo*, retomou a discussão da chamada "irreprodutibilidade científica" uma discussão iniciada em 2005 com um artigo de John P. A. Ioannidis que analisava a influência dos vieses dos pesquisadores nos resultados de pesquisa a tal ponto que a maioria das pesquisas científicas não chegariam aos mesmos resultados quando reproduzidas. Em geral, a falta de homogeneidade científica se deve ao conhecimento tácito que cada pesquisador carrega consigo, de modo que na sua investigação "pode haver detalhes e desvios quase imperceptíveis – maneiras de inadvertidamente inserir as próprias expectativas nos resultados" (JOHNSON, 2014).

Assim, apesar de tradicionalmente haver distinções entre o campo científico e o literário, considerando-se que em ambos o envolvimento da pessoa é feito de forma ativa, autoral, é difícil apregoar e manter o rigor objetivo requerido pela metodologia e linguagem científica, pois muito além da estereotipada "subjetividade", culpada por influenciar equivocadamente os resultados de pesquisa com as prenoções e vieses do pesquisador, não se pode prescindir que o sujeito seja o responsável pelo processo de conhecimento, sendo uma pessoa dotada de inspirações, desejos, sentimentos, experiências e relações e, somado a tudo mais que lhe confere o *status* de indivíduo, está o grande artífice que Michael Polanyi chama de *personal knowledge*.

Contudo, a autoria científica é uma modalidade autoral típica dos processos de produção textual acadêmica, a qual pode ser exemplificada com editoriais, resumos, pôsteres, artigos, capítulos de livro e livros inteiros. Entretanto, entre os acadêmicos não existe um consenso quanto à definição do que é "autoria científica", pois se trata de algo que varia de acordo com as disciplinas, áreas do conhecimento e instituições, não obstante ser possível delinear uma série de características que a configuram como tal.

> Definir o autor é um negócio cada vez mais difícil e complicado com o aumento das atividades de especializadas e interdisciplinares colocando a autoria em um patamar diferenciado no campo das Big Sciences. Laboratórios acadêmicos, laboratórios de armas nucleares e instalações industriais todos carregam valores de abertura, sigilo, publicação e de crédito que são dramaticamente diferentes, se não contraditórios. Assim, cada um desenvolve a sua própria, muitas vezes divergente, normas de autoria. Centrando-se sobre a relação entre autoria, colaboração e divisão do trabalho, é possível até mesmo explorar o que acontece quando a colaboração científica azeda e surgem alegações de plágio, ou para explorar com mais atenção analítica os variados níveis de habilidade e autoridade incorporados na produção de diferentes tipos de textos científicos, a partir de relatórios de revisão de artigos ou trabalho de pesquisa de ponta (BIAGIOLI; GALISON, 2003, p. 6, tradução nossa).[1]

---

[1] "Defining the author is an ever more difficult, tricky business as increasingly specialized and interdisciplinary work casts authorship in a different light within the diverse species of Big Science. Academic laboratories, nuclear weapons laboratories, and industrial sites all carry dramatically different, if not contradictory, values of

Biagioli (2003) descreve alguns aspectos que caracterizam e distinguem a autoria científica de outros tipos de autoria, as quais podem ser classificadas como aquelas referidas aos direitos autorais em geral.

Quadro 3.1 *Diferenças entre autoria patrimonial e autoria científica*

Autoria patrimonial	Autoria científica
– Trabalhos são protegidos por direitos autorais mesmo que não sejam publicados.	– A validade de um trabalho científico depende de sua publicação e validação dos pares.
– O autor recebe direitos autorais pela originalidade subjetiva de sua obra mesmo que não seja apreciada pelas outras pessoas.	– Uma obra científica não é reconhecida pela subjetividade de seu autor, mas pela objetividade de suas constatações sobre a natureza, o que não é propriedade do cientista.
– Lógica da economia capitalista (quantitativa).	– Lógica da economia da gratuidade (qualitativa).
– O crédito obtido pela obra é dinheiro.	– O crédito obtido pela obra é o reconhecimento.
– Campo da propriedade privada.	
– A propriedade é transferível.	– Campo do domínio público.
– O patrimônio do autor é a sua obra.	– A propriedade é inalienável.
	– O patrimônio do autor é seu nome.

Fonte: Adaptado de Biagioli (2003, p. 254, tradução nossa).

Considerando tais aspectos, Biagioli (2003) argumenta que a autoria científica difere de outros tipos autorais por ser essencialmente caracterizada pela recompensa moral e não monetária

---

openness, secrecy, publication and credit. Accordingly, each develops its own, often divergent, standards of authorship. By focusing on the relationship among authorship, collaboration, and division of labor, it is even possible to explore what happens when scientific collaboration goes sour and allegations of plagiarism fly, or to explore with more analytic care the varied levels of skill and authority embedded in the production of different kinds of scientific texts, from instrument reports to review articles or cutting-edge research paper" (BIAGIOLI; GALISON, 2003, p. 6).

e observa "como uma recompensa não é dada por uma nação específica (de acordo com suas leis), mas por uma comunidade internacional de pares (de acordo com os costumes, muitas vezes tácitos)" (p. 254, tradução nossa). [2]

Além disso, Biagioli (2003) enfatiza que a atribuição da autoria do ponto de vista da propriedade intelectual se refere "a quem alguma coisa deve a sua origem" (p. 258, tradução nossa), caso da criação de artefatos, o que é inaplicável à ciência por corresponder ao desenvolvimento epistemológico e não diretamente à produção de coisas, ainda que no campo da ciência aplicada aos avanços científicos que resultem em bens que podem tornar a vida humana melhor, caso dos remédios, meios de comunicação e transporte dentre outros. Consequentemente, Biagioli argumenta que a ideia de criador é inadequada no caso da autoria científica e conclui que a ela corresponde melhor a noção de responsabilidade que um cientista tem por algo que não lhe pertence, embora por meio do conhecimento produzido possa obter um reconhecimento perene: "Eu acho plausível pensar no cientista como a pessoa que teve a ideia, fez o trabalho, escreveu o artigo, e tomou crédito e responsabilidade por isto" (BIAGIOLI, 2003, p. 261, tradução nossa).[3]

Tal distinção também é verificada na reflexão desenvolvida por Steiner (2003), embora utilize outras categorias analíticas para caracterizar a especificidade da autoria científica. Steiner argumenta que a criação no campo da filosofia, teologia e artes está diretamente vinculada à percepção, reflexão ou experiência pessoal e solitária; por isso a obra de um artista, por exemplo, é um produto de intensa subjetividade e, portanto, algo que sempre será contingente a alguém, o artista criador. Steiner exemplifica que a falta de Homero, Shakespeare ou Kafka teria inviabilizado inevitavelmente a criação de como são conhecidas *A Ilíada*,

---

[2] "[...] such a reward is not bestowed by one specific nation (according to its law), but by an international community of peers (according to often tacit customs)" (BIAGIOLI, 2003, p. 254).

[3] "I seemed plausible to think of the scientist as the person who had the idea, did the work, wrote de paper, and took credit and respobility for it" (BIAGIOLI, 2003, p. 261).

Romeu e Julieta e *A metamorfose*. De modo diverso, no campo da ciência, ele argumenta que cabe mais falar de **invenção** em vez de criação, pois a produção científica é intrinsecamente comunitária, espera-se que contribua para o desenvolvimento humano e é invariavelmente objetiva, porque depende do mundo e de seus fenômenos. Por isso mesmo, argumenta Steiner, a invenção científica está inserida numa inexorabilidade tal que independe de seus concebedores e conclui: "Se Copérnico e Galileu tivessem sido eliminados antes que suas descobertas fossem conhecidas, seguramente cada uma de suas descobertas acabaria sendo feita por outros cientistas" (STEINER, 2003, p. 245).

Assim, infere-se que enquanto na ciência o texto é meio, na literatura o texto é fim. O texto artístico-literário é carregado de sentidos, experiências e emoções, sendo marcado essencialmente pela subjetividade de seu autor e o texto científico é um produto objetivo, que corresponde à etapa de comunicação escrita de resultados obtidos por meio de um processo de investigação rigoroso e sistematizado, de acordo com as exigências da comunidade científica. Logo, aspectos importantes relacionados ao processo autoral consolidados na modernidade tais como criação e estilo, os quais geralmente são evidenciados pela obra do autor, no texto científico não são tão evidentes, como se em uma frase se compreendesse que no campo da ciência "o autor é aquele que tirou a função do sujeito" (RHEINBERGER, 2003, p. 312, tradução nossa).[4]

Contudo, essa questão da especificidade autoral literária e ou científica não é tão simplesmente classificável. Bakhtin (2000, p. 347), por exemplo, mesmo considerando que a produção verbal no campo literário decorre de uma "transformação efetuada pelo artista ao criar enunciados" que extrapola os limites linguísticos e engloba aspectos extraideológicos e socioideológicos, indaga: "[...] até que ponto pode-se falar do sujeito da língua ou do sujeito falante quando se trata de um estilo linguístico, ou então da imagem do cientista que transparece por trás da linguagem científica [...]" (BAKHTIN, 2000, p. 349).

---

[4] "[...] the author is the one who has stripped off the subject function" (RHEINBERGER, 2003, p. 312).

As interações entre autor e texto também foram objetos das reflexões de Paul Ricoeur, que analisou o problema da linguagem como obra. Especificamente no que se refere à obra escrita, Ricoeur (1987, p. 41) considera que "a intenção do autor e o significado do texto deixam de coincidir". O filósofo recorre ao conceito de "autonomia semântica" para sustentar a ideia que há uma relação dialética entre o autor e seu texto na medida em que "o significado autoral torna-se justamente uma dimensão do texto na medida em que o autor já não está disponível para ser interrogado" (RICOEUR, 1987, p. 42). Assim, a finalidade do texto é apresentar-se por si mesmo como objeto de interpretação alheia, o que para Ricoeur é um modo de apropriação e compreensão que extrapola a identidade autoral e se estabelece como "um modo possível de olhar para as coisas, que é o genuíno poder referencial do texto" (RICOEUR, 1987, p. 104).

Esta distinção também é compartilhada por Jerome Bruner, que admite "haver duas formas amplas através das quais os seres humanos organizam e administram seu conhecimento do mundo [...] e são convencionalmente conhecidas como pensamento *lógico-científico* e pensamento *narrativo*" (BRUNER, 2001, p. 44). De acordo com Bruner, tal diferença existe porque a narrativa cultural não requer validação e nem precisa, a rigor, corresponder a um referente. Por isso, observa que "uma história pode ser realista sem ser verídica" (BRUNER, 2001, p. 120). Entretanto, a narrativa científica, por sua vez, precisa "utilizar como seu aparato de exposição meios como a lógica ou a matemática para ajudá-la a atingir consistência, clareza e possibilidade de ser testada" (BRUNER, 2001, p. 120). Não obstante, Bruner (2001, p. 45) pondera que "devemos ter errado ao separarmos a ciência da narrativa da cultura" e argumenta que "o ensino [de ciências] poderia dar maiores oportunidades para a criação da sensibilidade metacognitiva necessária para se lidar com o mundo da realidade narrativa e suas alegações concorrentes" (BRUNER, 2001, p. 141). Tal desconfiança mais tarde se tornou uma convicção quando reconhece na obra *Making stories* ter se equivocado e, reconsiderando suas ideias, termina sua obra concluindo que:

[...] narrativa, estamos finalmente começando a perceber, é de fato um negócio sério – seja em direito, literatura ou na vida. Sério, sim, e outra coisa também. Certamente não há outro uso da mente que dá essas delícias e, ao mesmo tempo que apresentam tais perigos (BRUNER, 2002, p. 107, tradução nossa).[5]

Excetuando-se a reconsideração de Bruner, a visão dissociada da redação literária para a redação científica parece proceder se se considera o texto científico do ponto de vista da sua objetividade. De fato, por exigência metodológica, entenda-se como a convenção de procedimentos aceitos pela comunidade de quem produz ciência, os textos científicos possuem uma estrutura padronizada e prefixada que corresponde ao delineamento do objeto investigado, a contextualização teórica do estudo, a caracterização do método de investigação, a apresentação, a discussão e a conclusão sobre os resultados obtidos. No processo de preenchimento textual dessa estrutura, a expressão da subjetividade autoral acaba limitada à assinatura do trabalho, o que julgamos corresponder àquilo que Foucault destaca na sua reflexão sobre a natureza da autoria. Ele fez uma distinção entre os chamados textos literários (narrativas, contos, epopeias, tragédias, comédias) e os textos científicos que tratavam sobre a cosmologia e o céu, a medicina e as doenças, as ciências naturais ou a geografia etc. Para Foucault, até a Idade Média, esses textos eram distinguidos pela atribuição de um nome a eles tal como "Hipócrates disse..." ou "Plínio conta..." cujo intuito fundamental era caracterizá-los como textos dotados de uma verdade comprovada, enquanto os textos literários eram aceitos sem que a questão da autoria fosse considerada algo importante, embora, com a modernidade, isto tenha passado a ser diferente:

---

[5] "[...] narrative, we are finally coming to realize, is indeed serious business – whether in law, literature, or in life. Serious, yes, and something else as well. There is surely no other use of mind that gives such delights while at the same time posing such perils" (BRUNER, 2002, p. 107).

[...] começou-se a receber os discursos científicos por si mesmos, no anonimato de uma verdade estabelecida ou constantemente demonstrável; [...] mas os discursos "literários" já não podem ser recebidos se não forem dotados da função autor: perguntar-se-á a qualquer texto de poesia ou de ficção de onde é que veio, quem o escreveu, em que data, em que circunstâncias ou a partir de que projeto. [...] se um texto nos chega anônimo, imediatamente se inicia o jogo de encontrar o autor (FOUCAULT, 2009, p. 49).

Embora argumentando dessa forma Foucault quisesse justificar que a "função autor não se exerce de forma universal e constante sobre todos os discursos", a distinção e a inversão apontados por ele são questionados por Roger Chartier, considerando que mesmo nos séculos XVII e XVIII é possível identificar textos científicos, só considerados verdadeiros se tivessem o nome de um autor que pudesse atestar a autoridade do texto, tal como a dedicatória de *Sidereus Nuncius* de Galileu a Cosimo de Médici, visando conferir "validação aristocrática" ao texto, o que caracterizava a autoria científica na época quanto a sua credibilidade (CHARTIER, 2012).

Contudo, uma observação que parece ainda mais importante quanto à caracterização da autoria científica nesse contexto se refere à noção de que a credibilidade científica de um texto nessa época surge como algo "mais fortemente ligado à *propriety* do que à *property*" (CHARTIER, 2012, p. 55), conceitos empregados por Mark Rose para se referir ao direito imaterial de um autor sobre a sua obra (*propriety*) e aos seus direitos de uso econômico (*property*) (ROSE, 1993). Sendo assim, Chartier (2012, p. 55) destaca que "a credibilidade do texto científico era assegurada pela inexistência de interesse econômico", bem como pela garantia de credibilidade "dada por uma autoridade gradualmente deslocada do poder aristocrático ou principesco para o poder da autoria científica" (CHARTIER, 2012, p. 63). Tal noção da "propriedade moral" (*propriety*) parece justapor-se às reflexões de Biagioli apresentadas anteriormente e que caracterizam a autoria científica como sendo algo essencialmente desprovido de interesse econômico. Essa gratuidade da autoria científica é um aspecto desafiador que vem sendo objeto de reflexão no âmbito acadêmico, sobretudo por representar uma possibilidade de revolução e ruptura na compreensão que se tem sobre a autoria e a própria noção de conhecimento. Isso está diretamente relacionado a uma época de mudanças nas concepções convencionalmente aceitas sobre a autoria e a propriedade do conhecimento o que decorre da mudança de época suscitada pelo surgimento da pós-modernidade.

3.2 A condição pós-moderna da autoria científica

É noção compartilhada o reconhecimento de que os avanços desenvolvidos no campo das tecnologias de informação e comunicação influenciaram todas as estruturas sociais, como o caso da cultura e da economia. Nessas áreas, tais mudanças suscitaram o surgimento de uma corrente de reflexão que vem ressignificando a concepção tida sobre o conhecimento e suas implicações. Trata-se da corrente do *commons paradigm* que começou a ser desenvolvida a partir da década de 1990. A obra de Elinor Ostrom (*Governing the commons*), publicada em 1990, é considerada o marco teórico dessa reflexão, pautada na ideia de que "certos recursos naturais compartilhados devem ser considerados como bens comuns e geridos como tal" (HESS; OSTROM, 2007, p. 31, tradução nossa). [6]

> *Commons* é um termo geral que se refere a um recurso compartilhado por um grupo de pessoas. Em um *commons*, o recurso pode ser pequeno e servir a um pequeno grupo (uma geladeira familiar), pode ser em nível de comunidade (calçadas, parques, bibliotecas, e assim por diante), ou pode estender-se a um nível internacional e global (águas profundas, a atmosfera, a Internet e o conhecimento científico). Os *commons* podem ser bem delimitados (um parque de comunidade ou biblioteca); transfronteiriço (o rio Danúbio, fauna em

---

[6] "[...] certain shared natural resources should be regarded as commons and managed accordingly" (HESS; OSTROM, 2007, p.31).

migração, a Internet), ou sem limites claros (conhecimento, a camada de ozônio) (HESS; OSTROM, 2007, p. 4, tradução nossa).[7]

Dessa maneira, o conhecimento é entendido como um tipo de *commons*, algo que quanto mais se usa e se compartilha, melhor se torna, da mesma forma sendo algo que não pode ser tirado de alguém, embora todos possam usar, como o caso da teoria da relatividade de Einstein, que uma pessoa pode usar sem com isto tirar da outra essa mesma possibilidade (HESS; OSTROM, 2007).

A ideia subjacente a este paradigma é que a noção de *commons* está se tornando cada vez mais algo compartilhado por cientistas, ambientalistas, usuários de internet e muitos outros que têm se manifestado insatisfeitos com os padrões mercadológicos, os quais costumam regular a circulação dos bens: "Eles estão céticos de que direitos de propriedade estritos e mercado de câmbio são as únicas maneiras de gerenciar bem um recurso, em particular no contexto da Internet, onde é extremamente barato e fácil de copiar e compartilhar informações" (BOLLIER, 2007, p. 28).[8]

Seguindo essa linha de reflexão, argumenta-se que o paradigma do *commons* é uma alternativa para o modo como o mercado gerencia as fontes de informação, tornando-as mais acessíveis do ponto de vista social, permitindo que as pessoas exerçam o controle e compartilhamento de seus conhecimentos, extra-

---

[7] "Commons is a general term that refers to a resource shared by a group of people. In a commons, the resource can be small and serve a tiny group (the family refrigerator), it can be community-level (sidewalks, playgrounds, libraries, and so on), or it can extend to international and global levels (deep seas, the atmosphere, the Internet, and scientific knowledge). The commons can be well bounded (a community park or library); transboundary (the Danube River, migrating wildlife, the Internet); or without clear boundaries (knowledge, the ozone layer)" (HESS; OSTROM, 2007, p. 4).

[8] "They are skeptical that strict property rights and Market Exchange are the only way to manage a resource well, particularly in the context of the internet, where it is supremely inexpensive and easy to copy and share information" (BOLLIER, 2007, p. 28).

polando a visão estreita do mercado pautado pelo lucro, privilegiando aspectos mais humanistas, como equidade, consenso social, transparência, entre outros (BOLLIER, 2007, p. 29). Um exemplo desse tipo de iniciativa, que vem se naturalizando, é o sistema *creative commons*, por meio do qual os próprios autores, músicos, artistas, entre outros, licenciam o que foi produzido por eles de acordo com seis categorias de compartilhamento, tornando esse processo de acesso à informação simples e fácil. Portanto, esta linha reflexiva defende uma mudança paradigmática na forma como convencionalmente têm sido consideradas a produção e circulação de conhecimentos.

> Estamos migrando de uma cultura de materiais escassos, obras canônicas fixas a uma cultura digital em constante evolução, **obras que podem ser reproduzidas e distribuídas facilmente sem praticamente nenhum custo**. Nosso sistema de meios de comunicação social de produção e distribuição centralizada de um-para-muitos está sendo eclipsado por uma rede multimídia de produção descentralizada e distribuição de muitos-para-muitos (BOLLIER, 2007, p. 35, grifo nosso e tradução nossa).[9]

Assim, a ideia do conhecimento como algo que deve ser compartilhado, questionando padrões de controle e reserva da informação, levando em conta a importância ou até mesmo a necessidade que comunidades inteiras podem ter em usufruir deste bem de forma livre e equitativa. Um bom exemplo do alcance dessa nova mentalidade sobre a natureza, a produção, o uso e o controle do conhecimento é a convicção de que certos tipos de conhecimento são bens comuns e não podem ser explorados durante décadas, como se fossem exclusividade privada. É o que acontece, por exemplo, em relação ao direito de que-

---

[9] "We are migrating from a print culture of scarce supplies of fixed, canonical works to a digital culture of constantly evolving **works that can be reproduced and distributed easily at virtually no cost**. Our mass-media system of centralized production and one-to-many distribution is being eclipsed by a multimedia network of descentralized production and many-to-many distribution" (BOLLIER, 2007, p.35, grifo nosso).

bra de patentes obtidas por grandes laboratórios para o desenvolvimento e fabricação de novos medicamentos. Com o intuito de proporcionar o acesso a tais remédios, governos podem quebrar as patentes concedidas aos laboratórios, seja diminuindo o tempo de exploração comercial (que varia de 15 a 20 anos), permitindo a produção de medicamentos similares ou, ainda, criando uma licença compulsória que permite a terceiros produzirem tal medicamento, mesmo que não se tenha a autorização do titular. Em todas essas circunstâncias, a justificativa fundamental é o bem coletivo. E isso é perfeitamente adequado à ideia que vem sendo desenvolvida em relação ao conhecimento como um bem comum. Em relação a isto, Suber (2007, p. 194, tradução nossa) é categórico: "O conhecimento não é uma mercadoria (assim como fatos não são direitos de autor) e deve ser compartilhado."[10] Uma síntese bem-feita de tais ideias é expressa pelas palavras de Machado (2004, p. 22):

> O conhecimento precisa estar a serviço das pessoas, de seus projetos. Sua circulação é uma fonte permanente de criação de laços. Assim como uma dádiva ou um presente que se dá não se deixam apreender minimamente quando são reduzidos ao seu preço, ou a sua dimensão mercantil, o conhecimento como um bem deve circular precipuamente para criar laços, para fazer as pessoas felizes.

Não obstante o prevalecimento do bem comum, de acordo com o paradigma do *commons,* isto não significa a banalização da autoria. Hess e Ostrom (2007, p. 13) observam que "autores que optam por fazer suas obras disponíveis gratuitamente ainda podem manter seus direitos autorais" (tradução nossa).[11]

---

[10] "Knowledge is not a commodity (just as facts are not copyrightable) and ought to shared" (SUBER, 2007, p. 194).

[11] "[...] authors who choose to make their works available for free may still retain their copyrights" (HESS; OSTROM, 2007, p. 13). N.B: Embora o autor tenha usado a palavra *copyrights*, mantendo a coerência com a discussão feita, seria mais adequado o uso do termo *credit* na forma apresentada por Biagioli (2003) e que corresponde à noção da autoria científica como algo desvinculado da lógica do mercado e mais afeito à gratuidade do conhecimento, conforme as discussões promovidas pelo *commons paradigm.*

Em suma, essa noção está adequadamente relacionada ao que é denominado de direito moral, isto é o reconhecimento perene da paternidade ou criação original de uma determinada obra, o que de acordo com a legislação é algo inalienável, ou seja, a paternidade de uma obra é intransferível. O que pode ser vendido, trocado, enfim, negociado da forma que interessar ao autor, é a sua propriedade patrimonial sobre a obra, o que se refere à obtenção de vantagens e benefícios "que ela possa proporcionar, principalmente pela publicação, reprodução, representação, execução, tradução, recitação, adaptação, arranjos, dramatização, adaptação ao cinema, à radiodifusão, à televisão etc." (CHAVES, 1995, p. 29).

Entretanto, a noção de que a autoria científica é desprovida de interesse econômico e que, portanto, não caberia reduzi-la a um bem de natureza patrimonial, é uma característica perene no campo da ciência. "De acordo com uma visão, os autores científicos participam de uma economia da dádiva, um sistema de troca que tem como premissa a reciprocidade, reputação e responsabilidade de que a mercantilização do trabalho acadêmico é imoral" (HYDE, 1983; HAGSTROM, 1965 apud MCSHERRY 2003, p. 225, tradução nossa).[12]

Nessa linha de reflexão os autores acadêmicos são caracterizados não pelo interesse financeiro ou obtenção de vantagens materiais, mas pela conservação de sua reputação, credibilidade e reconhecimento atribuído pelos pares devido à contribuição dada à edificação do conhecimento. Contudo, além dessa "gratuidade" que marca a autoria científica, é necessário reconhecer a influência de outros interesses nesse processo.

> Como os teóricos do Mercado de intercâmbio acadêmico observam, esses assuntos liberais racionais funcionam muito bem como entidades comerciais. Os cientistas argumentam Latour e Woolgar (1979) são como empresas, e seu currículo

---

[12] "According to one vision, scientific authors participate in a gift economy, a system of exchange premised on reciprocity, reputation, and resposibility in which the commodification of scholarly work is immoral" (HYDE, 1983; HAGSTROM, 1965 apud McSHERRY, 2003, p. 225).

é como relatórios de orçamento anual. O crédito de autoria, eles sugerem, é definido como a credibilidade – reconhecimento de uma "capacidade de fazer ciência", e não simplesmente "um trabalho bem feito". Esta credibilidade, ou o capital científico pode ser acumulado e então investido em apoio ao trabalho de outra pessoa, em propostas de pesquisa ou em um trabalho posteriormente aceito. Se for investido sabiamente, vai obter um retorno na forma de, por exemplo, financiamento para pesquisa. Investimentos sábios são aqueles que respondem mais eficazmente às leis de oferta e de demanda. Os cientistas são representados como empregadores e empregados: suas fontes de financiamento mantêm o poder supremo neste mercado sobre o qual eles têm limitado controle (MCSHERRY, 2003, p. 239, tradução nossa).[13]

Portanto, tal "capital científico" (recebimento de prêmios, financiamentos, cargos, entre outros benefícios acadêmicos) obtido por consequência do reconhecimento e prestígio da autoria científica, embora não seja o fim da ação do pesquisador, pode ter implicações indesejáveis no processo de produção científica, como é o caso da ocorrência de fraudes como falsificação, fabricação e plágio em trabalhos acadêmicos, que podem acontecer com a finalidade da obtenção de visibilidade e das vantagens decorrentes.

Neste caso, também cabe observar a ocorrência de conflitos de interesse entre a autoria, a produção científica e o escopo comercial de terceiros que encontram na produção científica uma oportunidade de negócios orientados principalmente à obtenção

---

[13] "As Market theorists of academic exchange observe, these rational liberal subjects operate very much like commercial entities. Scientists, argue Latour and Woolgar (1979) are like corporations, and their curriculum vitae are like annual budget reports. Authorship credit, they suggest, is defined as credibility – recognition of an "ability to do science" rather than simply a "job well done." This credibility or scientific capital can be accumulate and then invested in support of someone else's work, in research proposals, or in getting subsequent work accepted. If it is invested wisely, it will garner a return in the form of, for example, research funding. Wise investments are those that respond most effectively to the laws of supply and demand. Scientists are figured as both employers and employees: theirs funding sources remain the ultimate power in this market over which they have limited control" (McSHERRY, 2003, p. 239).

de lucros. Nessas circunstâncias, a independência autoral é prejudicada pelos interesses comerciais corporativos e individuais que se sobrepõem ao conhecimento como dádiva.

Além disso, outro problema correlacionado à autoria científica e que vem demandando reflexão e debate na academia refere-se aos casos de multiautoria. Por exemplo, em 2004 foi publicado o primeiro trabalho científico com mais de 1.000 autores e quatro anos depois surgiu o primeiro trabalho publicado com mais de 3.000 autores (ADAMS, 2012). Esses trabalhos resultam de grandes consórcios de investigação científica, tais como o experimento do Grande Colisor de Hádrons realizado pelo Centro Europeu de Pesquisa Nuclear, uma iniciativa que envolveu milhares de pesquisadores, engenheiros e técnicos de mais de sessenta países.

Apesar de parecer absurda a possibilidade de textos científicos com tantos autores, Biagioli (2003) comenta que nesses casos de grandes empreendimentos científicos pode não ser inadequado que o resultado de processos de pesquisa experimental, que envolvem tantas pessoas culminem em relatórios, os quais acabam por ser assinados por todos os envolvidos nos trabalhos de pesquisa, por terem desenvolvido algum tipo de atividade específica que contribuiu para o sucesso do experimento.

O autor descreve como tais trabalhos acabam sendo elaborados e publicados com milhares de autores servindo-se do exemplo do *Collider Detector at Fermilab* (CDF), um laboratório de pesquisa formado por diversos pesquisadores de várias instituições e universidades, o qual criou diretrizes específicas para a publicação dos trabalhos resultantes das pesquisas realizadas pelos envolvidos no projeto, padronizando uma lista de autores renovada a cada dois anos, organizada em ordem alfabética, na qual cada membro do consórcio poderia fazer parte depois de um ano de participação no projeto. Vejamos uma parte dos procedimentos adotados para a publicação corporativa de um relatório de pesquisa nesse caso:

> Quando um subgrupo do CDF deseja publicar um artigo ou apresentar um trabalho em uma conferência, o texto passa por

três rodadas de revisão interna. A primeira é uma aprovação preliminar do comitê de publicação, os dois últimos têm lugar na página *web* interna do CDF. O texto é publicado e todos os membros do consórcio são convidados a comentar eletronicamente. Após estes comentários serem enviados e respondidos, uma versão revisada é publicada e o processo começa novamente. Depois de duas rodadas de revisões, aqueles cujo nome estão na Lista Padrão de Autoria podem retirar seu nome da publicação se estão insatisfeitos com o produto final.

Curiosamente, um artigo tendo menos nomes poderia parecer ser menos (não mais) credível do que um com mais nomes – um cenário que é exatamente o oposto do que acontece em biomedicina (BIAGIOLI, 2003, p. 273, tradução nossa).[14]

No campo das ciências sociais constatam-se ações que visam coibir as práticas de multiautoria. Nas diretrizes para a submissão de trabalhos científicos de muitos periódicos consta a observação de qual é a quantidade de autores aceitos por artigo, o que pode ser exemplificado: no caso da Revista Organizações e Sociedade (A2) cada artigo deve ser assinado por no máximo três autores; na Revista Eletrônica de Administração (B1), publicada pela UFRGS e na Revista de Administração e Inovação (B1) da USP são aceitos no máximo quatro autores; nos Cadernos EBAPE (B3), publicação da Fundação Getúlio Vargas e na revista multi-institucional Contabilidade, Gestão e Governança (B2) são aceitos artigos com até cinco autores.

Sendo assim, fica evidenciada que a questão mais importante a ser discutida quanto à multiautoria não se trata da quantidade de

---

[14] "When a subgroup of CDF wishes to publish an article or to present a conference paper, the text goes through three rounds of internal review. The first is a preliminary approval from the publication committee; the last two take place on CDF's internal webpage. The text is posted and all members of the collaboration are asked to comment electronically. After comments are sent and answered, a revised version is posted and the process starts again. After two rounds of revisions, those whose name is on the Standard Author List may withdraw their name from that publication if they are dissatisfied with the end product.

Interestingly, an article carrying fewer names would appear to be less (not more) credible than one with more names – a scenario that is exactly opposite to what happens in biomedicine" (BIAGIOLI, 2003, p. 273).

autores que assinam uma publicação, mas sim o grau de envolvimento e de participação de cada cientista no trabalho de pesquisa, o que pode ser um ou milhares. Portanto, é a forma de envolvimento que determina o grau de importância autoral nos trabalhos científicos, e nesse sentido o problema é mais sério, pois se sabe da publicação de trabalhos com autoria científica dissimulada e até mesmo fraudada, tais como: autoria "convidada" (nomes de amigos que são elencados como autores sem que tenham tido nenhuma participação no trabalho); autoria e/ou coautoria "pressionada" (pesquisadores cujo nome são relacionados a estudos feitos por outros apenas para aferir autoridade ao trabalho); autoria e/ou coautoria "fantasma" (trabalhos que são apresentados como sendo próprios, porém foram produzidos por terceiros) (MONTEIRO et al., 2004). Além disto, Petroianu (2002) discute sobre a existência da "autoria honorária" (autoria atribuída a alguém com o intuito de homenagem, privilégio ou retribuição de gentileza). Domingues (2012) elenca ainda uma série de outras fraudes que descaracterizam ou comprometem a autoria científica tais como: falsificação e/ou fabricação de dados e resultados; plágio de trabalhos; imposturas éticas no processo científico; retalhamento, fracionamento e ou requentamento de dados e resultados. Em suma, trata-se de um conjunto de modalidades de fraudes autorais, que decorrem de um enviesamento do escopo da produção científica, na qual a visibilidade da pessoa com vistas à conquista de seus interesses pessoais parece se sobrepor à importância dos resultados e do conteúdo da obra apresentada em função do desenvolvimento humano. Entende-se que tal conjunto de conflitos autorais pode ser considerado como uma decorrência negativa da pressão externa exercida com vistas à necessidade de produtivismo científico uma tendência perniciosa de capitalização selvagem no campo acadêmico, como bem observa Krishnan (2013, tradução nossa): "A tendência recente é a de considerar a autoria como 'moeda científica' em um mundo onde a palavra-chave é 'publicar ou perecer', e conflitos de autoria estão definitivamente aumentando ano a ano."[15]

---

[15] "The recent trend is to consider authorship as "scientific currency" in a world where the key phrase is "publish or perish", and conflicts for authorships are definitely increasing year by year" (KRISHNAN, 2013).

Diante dessas circunstâncias pode-se indagar: Quais são os critérios que qualificam a pessoa como autor científico? Como estabelecer tais critérios de modo que contemplem as diferentes áreas científicas? Já existem algumas iniciativas para a definição de tais critérios, da mesma forma que já há iniciativas para a reconsideração da atribuição do termo CONTRIBUIDOR em vez de AUTOR (BIAGIOLI, 2003, p. 267). Fato é que dadas as peculiaridades das áreas, a necessidade de maior reflexão e debate sobre o assunto, assim como a definição e estabelecimento de diretrizes, que caracterizam a autoria científica, têm se constituído um desafiador problema para a ciência, pois quanto mais a sociedade muda e o tempo passa, maior se torna a dificuldade em consolidar consensos.

3.3 Critérios de autoria científica

Talvez devido à pouca reflexão relacionada à autoria científica somada à complexidade e especificidade da produção de relatórios de pesquisa nas diferentes áreas do conhecimento, inexiste um consenso mínimo em ciência sobre o que caracteriza a autoria em um trabalho científico, ao mesmo tempo em que, uma vez estabelecidos quem são os autores, outra problemática refere-se à ordem de apresentação de tais autores. Esses dois aspectos (determinação da responsabilidade autoral e atribuição de ordem de importância) são considerados questões importantes no campo científico e estão diretamente relacionados às relações pessoais e profissionais dos envolvidos (CARVER et al., 2011).

Entre os dois aspectos, talvez o mais facilmente solucionável seja o que se refere à ordem de importância autoral. Via de regra, quando os participantes são pesquisadores profissionais com o mesmo grau de envolvimento e conhecimento no projeto, o critério de ordenação adotado é o alfabético. O mesmo é verificável no caso de trabalhos no campo da ciência aplicada, nos quais há a participação de muitos autores. Porém, quando há o envolvimento de pesquisadores com *status* diferentes, por exemplo, trabalhos envolvendo alunos ou pesquisadores não muito experientes ainda, é possível observar a criação de elencos autorais decrescentes por ordem de importância. Em algumas áreas específicas no campo da saúde, ainda verifica-se uma outra alternativa:

> De um modo geral, a primeira e a última posições de autores são consideradas como as mais desejáveis. O primeiro autor, ou "autor principiante", é a pessoa que realizou a maior parte do trabalho descrito no papel, e geralmente é a pessoa que elaborou o manuscrito. O "autor *senior*" é geralmente a última pessoa listada, e geralmente é a pessoa que dirigiu ou supervisionou o projeto. Frequentemente espera-se que autores *seniores* assumam a responsabilidade pelo projeto como um todo. Os nomes dos "autores contribuintes" aparecem entre os autores principiantes e *senior*, e a ordem deve refletir sua contribuição relativa para o trabalho (CARVER et al., 2011, tradução nossa).[16]

Além das diferenças e especificidades relacionadas à atribuição de importância autoral, o aspecto mais delicado e difícil de ser resolvido é a definição de quem pode ser considerado autor em um trabalho científico. Sobre esse assunto, constata-se que há uma discussão incipiente sobre o processo de autoria científica, calcada em opiniões de que tal atividade corresponde basicamente a dois critérios: contribuição para o progresso da ciência e reconhecimento pessoal (reputação, prestígio, promoção) (MONTEIRO et al., 2004; PETROIANU, 2002).

De acordo com o *International Committee of Medical Journals Editors* (ICMJE), o crédito da autoria científica corresponde ao preenchimento de três condições: "1. Contribuição substancial

---

[16] "Generally speaking, the first and last author positions are considered as the most desirable. The first author, or "primary author", is the person who conducted most of the work described in the paper, and is usually the person who drafted the manuscript. The "senior author" is usually the last person named, and is generally the person who directed or oversaw the project. Senior authors are often expected to take responsibility for the project as a whole. The names of "contributing authors'" appear between the primary and senior authors, and the order should reflect their relative contribution to the work" (CARVER et al., 2011).

na concepção e planejamento, ou aquisição de dados, ou análise e interpretação de dados; 2. Redação e elaboração do artigo ou revisão intelectual crítica deste; 3. Aprovação da versão final a ser publicada" (MONTEIRO et al., 2004). Monteiro et al. (2004) observam que os critérios de autoria apresentados pelo ICMJE são adotados pela metade dos periódicos de uma amostra de 40 revistas da área da saúde indexadas no *Scielo*. Além disso, destacam dessa amostra que

> sete (17,5%) revistas adotam política de restrição do número de autores permitidos por artigo; sete (17,5%) explicitam os critérios que definem autoria; quatro (10%) adotam a prática de exigir aprovação das pessoas que terão seus nomes listados na sessão agradecimentos; cinco (12,5%) solicitam declaração de conflito de interesse (MONTEIRO et al., 2004).

Portanto, constata-se que a atribuição da autoria aos responsáveis por trabalhos científicos é um assunto complexo, que envolve aspectos subjetivos, objetivos e operacionais. Apesar de haver algumas reflexões sobre a temática, ainda inexistem consensos generalizados sobre os critérios que definem a autoria, e mesmo nas áreas em que isso já possui diretrizes, a adoção de tais critérios na prática editorial ainda é incipiente. Por isto, Monteiro et al. (2004) concluem que é necessário um esforço coletivo de autores, editores e sociedades em adotar critérios de autoria, dada a importância disso do ponto de vista dos pressupostos éticos, que devem pautar a produção e a divulgação científica. Entretanto, essa tarefa de estabelecimento de critérios de autoria científica é complexa e talvez até mesmo impossível de ser implementada devido a aspectos como a diversidade das áreas de pesquisa: enquanto um experimento no campo da física e da química pode envolver até milhares de pesquisadores de diversos centros de pesquisa ao redor do mundo, um trabalho de pesquisa no campo das ciências humanas ou sociais geralmente tem espaço para participação ativa de no máximo uma dezena de pesquisadores.

Não obstante, Petroianu (2002) apresentou uma tentativa do estabelecimento de uma lista de critérios autorais decorrentes das etapas que caracterizam o processo de investigação científica, que corresponde à criação de uma tabela de pontuação variável para cada modalidade de participação de um sujeito no processo de pesquisa. Consideram-se autores científicos de um trabalho todos os sujeitos envolvidos num trabalho que alcance sete pontos na Tabela 3.1.

Tabela 3.1 *Pontuação para autoria, de acordo com a participação no trabalho*

Participação	Pontos
Criar a ideia que originou o trabalho e elaborar hipóteses	6
Estruturar o método de trabalho	6
Orientar ou coordenar o trabalho	5
Escrever o manuscrito	5
Coordenar o grupo que realizou o trabalho	4
Rever a literatura	4
Apresentar sugestões importantes incorporadas ao trabalho	4
Resolver problemas fundamentais do trabalho	4
Criar aparelhos para a realização do trabalho	3
Coletar dados	3
Analisar os resultados estatisticamente	3
Orientar a redação do manuscrito	3
Preparar a apresentação do trabalho para evento científico	3
Apresentar o trabalho em evento científico	2
Chefiar o local onde o trabalho foi realizado	2
Fornecer pacientes ou material para o trabalho	2
Conseguir verbas para a realização do trabalho	2
Apresentar sugestões menores incorporadas ao trabalho	1
Trabalhar na rotina da função, sem contribuição intelectual	1
Participar mediante pagamento específico	–5
Terão direito à autoria os colaboradores que tiverem alcançado 7 pontos. A sequência dos autores será em ordem decrescente de pontuação.	

Fonte: Petroianu (2002).

Essa proposta é interessante, mas ainda requer fundamentação, pois embora as modalidades contempladas pelo autor correspondam às diversas possibilidades de participação de um sujeito no processo de pesquisa, problematiza-se a atribuição da pontuação para cada modalidade, bem como a justificativa de que a autoria fica instituída para o sujeito que soma sete pontos. Petroianu (2002, p. 65) não apresenta uma justificativa técnica para essa escala e assume isso concluindo que a proposta apresentada reflete "[...] pontos de vista de seu autor com base na literatura, avaliação de centros de pesquisa e vivência científica pessoal", cabendo ao leitor seguir ou não o modelo proposto. Apenas para ilustrar a falta de rigor e consenso em relação a essa escala proposta por Petroianu verifica-se que do ponto de vista de Witter (2010) a pontuação atribuída a tais critérios autoriais passa a ser outra. A autora acena uma justificativa de mudança na pontuação recorrendo também à própria experiência e reconhece a necessidade de validação científica de tal escala. Portanto, diante da importância e necessidade do estabelecimento de critérios de definição da autoria em textos científicos, iniciativas de apresentação de propostas como as apresentadas acima são louváveis e até podem servir como referência, mas ainda requerem aprimoramento e validação para que passem a ser consensualmente aceitas o que pode ser considerado um desafio inatingível considerando-se a diversidade das áreas de pesquisa. Em suma, as dificuldades no estabelecimento dos critérios de definição da autoria científica evidenciam a complexidade que envolve tal situação.

Outra alternativa para a atribuição de autoria científica é a proposta da adoção de um *checklist* com os seguintes procedimentos:

> *Checklist* para a autoria:
> – Discutir a autoria e desenvolver um documento de autoria escrito (incluindo autoria de orientação) em um estágio inicial de um projeto.
> – Verificar e seguir critérios do ICMJE sobre contribuição e autoria.

Os autores devem ter:

(1) contribuído substancialmente para a concepção e *design*, aquisição de dados, ou análise e interpretação dos dados;

(2) contribuído para escrever o artigo ou revisado criticamente para a importância intelectual do conteúdo; e

(3) dado a aprovação final da versão a ser publicada.

- Pedir aos coautores de uma revisão crítica para fornecerem *feedback* com perguntas concretas e dar prazos para responder.
- Pedir aos coautores para meticulosamente verificarem seus nomes, iniciais, e filiações antes de fazerem a submissão.[17]

Fonte: Cals; Kotz (2013, tradução nossa).

Atualmente está sendo delineado um modelo para a definição da contribuição de cada autor em um trabalho científico. O trabalho está sendo realizado por um grupo de pesquisadores americanos e do Reino Unido e visa caracterizar 14 maneiras por meio das quais cada pessoa pode participar na produção de um trabalho científico, conforme apresentado no Quadro 3.2 (MARQUES, 2014).

---

[17] "Checklist for authorship:
 – Discuss authorship and develop a written authorship document (including lead authorship) at an early stage during a project.
 – Check and follow ICMJE criteria on contributorship and authorship.
 – Authors should have:
 (1) contributed substantially to the conception and design, acquisition of data, or analysis and interpretation of data;
 (2) contributed to writing the paper or revising it criticaly for important intellectual content; and
 (3) given final approval of the version to be published.
 – Ask coauthors to critically review and provide feedback with targeted questions and set them deadlines to respond.
 – Ask coauthors to meticulously check their names, initials, and affiliations before submitting" (CALS; KOTZ , 2013).

Quadro 3.2 *Maneiras pelas quais uma pessoa pode participar da produção de um trabalho científico*

1	Concepção do estudo	Formulação de ideias e proposição de hipóteses e de perguntas de pesquisa.
2	Metodologia	Desenvolvimento ou desenho de metodologias e criação de modelos.
3	Computação	Programação, desenvolvimento de *softwares*, implementação de códigos e de algoritmos de apoio.
4	Coleta de dados	Condução do processo de pesquisa, especificamente coletando dados e evidências.
5	Realização de experimentos	Condução do processo de pesquisa, especificamente realizando experimentos.
6	Análise formal	Aplicação de técnicas estatísticas, matemáticas e outras para analisar os dados obtidos.
7	Recursos	Fornecimento de materiais de estudo, reagentes, amostras e equipamentos, seleção de pacientes para estudo e oferta de animais de laboratório.
8	Curadoria de dados	Atividades voltadas para anotar adequadamente os dados de pesquisa, além de preservá-los para reutilização em outros estudos.
9	Esboço do artigo	Preparação, criação e/ou apresentação do artigo científico, especificamente escrevendo o seu primeiro esboço.
10	Revisão crítica	Preparação, criação e/ou apresentação do artigo, especificamente fazendo revisão crítica ou tecendo comentários sobre seu conteúdo.
11	Visualização de dados	Preparação, criação e/ou apresentação do artigo, cuidando especificamente da visualização de dados.
12	Supervisão	Responsabilidade pela supervisão da pesquisa e orquestração do projeto.
13	Administração do projeto	Coordenação ou gestão das atividades de pesquisa que resultaram no trabalho publicado.
14	Obtenção do financiamento	Responsabilidade pela conquista do apoio financeiro para o projeto que resultou no trabalho publicado.

Fonte: elaborado por Marques (2014).

Destaca-se que essa proposta vem sendo esboçada considerando-se a autoria no campo das ciências da vida e ainda pretende-se aprimorar tais indicadores de modo que possam ser atribuídos também às outras áreas do conhecimento. Além disso, ainda não está claro e definido como tais indicadores deverão ser utilizados para a atribuição da autoria. Provisoriamente, observa-se que tais indicadores são mais adequados para a caracterização de contribuidores do que de autores. Talvez essa seja uma perspectiva promissora para a análise e compreensão da autoria científica no futuro.

Por enquanto, todas essas estratégias podem ser consideradas alternativas que vêm sendo exploradas mas que ainda não possuem consenso. A adoção de dispositivos como esses são meios eficazes diretamente relacionados ao amadurecimento e aprimoramento das concepções da autoria científica. Embora pareça imponderável o estabelecimento de critérios ou características definitivas e amplamente aceitas em todas as áreas científicas, parece inquestionável que a existência de tais regras em pequenos grupos ou claramente adotadas por editores em seus respectivos periódicos sejam passos importantes no processo de desenvolvimento da concepção da autoria científica, algo que como está sendo delineado não pode ser facilmente definido.

3.4 A complexidade da autoria científica

Além da dificuldade relacionada ao estabelecimento dos critérios que determinam a autoria científica, é preciso reconhecer a influência de outros fatores, amplificando a complexidade relacionada a este problema, caso da pressão sofrida pelos pesquisadores e cientistas (*publish or perish*) por parte da academia, no que diz respeito à necessidade de publicação científica, um assunto que vem sendo debatido por pesquisadores em todas as áreas do conhecimento (ANGELL, 1986; LAMKI, 2013; KRISHNAN, 2013).

Em relação a esse assunto, Petroianu (2002) destaca o pressuposto compartilhado por muitos pesquisadores de que em geral eles são julgados pela quantidade de trabalhos publicados, qualidade e tipo de periódico de veiculação. Submetida a isso, a autoria científica deixa de ser espontânea e criativa e passa a ser encarada como mais um produto de circulação. O trabalho científico deixa de ser um fim e passa a ser um meio de reconhecimento e credibilidade. Sob o jugo da necessidade de produzir e publicar, ao começar a redigir um trabalho científico, o pesquisador já seleciona em qual periódico deseja publicar tal trabalho, observando a classificação do mesmo no *ranking* de "qualidade científica" (Fator de Impacto) um índice que corresponde à média do número das citações, que os trabalhos publicados em um determinado periódico recebem em outros artigos. Objetivamente, os periódicos com maior fator de impacto são os que publicam os melhores artigos científicos e mais citados, ou seja, que possuem mais visibilidade. Então, a expectativa de um autor de ser visto e citado por outros aumenta de acordo com o fator de impacto do periódico no qual ele publica (a "Lei de São Mateus" comentada anteriormente).

Esse processo acaba tendo discrepâncias porque os periódicos com maior fator de impacto acabam sendo inflacionados com um número elevado de artigos submetidos, e com isto possuem uma grande oferta, o que permite selecionar os melhores entre muitos, ao mesmo tempo em que periódicos com baixo fator de impacto recebem poucas submissões, não conseguem ter trabalhos de alta qualidade e assim dificilmente conseguem melhorar de fator de impacto, porque seus trabalhos publicados são pouco citados, ou, ainda, que publiquem trabalhos de alta qualidade acabam não sendo vistos, porque as bases de dados privilegiam a indexação de periódicos com alto fator de impacto. Trabalhos publicados em periódicos fora das bases de dados têm maior dificuldade para serem recuperados no processo de levantamento de dados. Eis o dilema de muitos periódicos comentado por Packer (2011), diretor do *Scielo*: "Como ter fator de impacto se não sou indexado? Como ser indexado se não tenho fator de impacto?" Consequentemente, entende-se que a autoria científica torna-se refém de dissimulações e fraudes, como as mencionadas anteriormente, caracterizando um processo de produção científica, na qual a pessoa passa a ser mais importante do que a obra.

Sendo assim, parecem existir simultaneamente dois modelos de produção científica que implicam numa ambiguidade na interpretação do sentido da autoria. Um modelo no qual prevalece a importância da obra, ou seja, da objetividade da obra científica, sua importância para o aprimoramento humano e um outro modelo, no qual se sobrepõe a subjetividade do pesquisador e sua credibilidade diante dos pares e da academia. Enquanto este modelo é caracterizado pela "contabilidade" de trabalhos publicados, naquele destaca-se a "representatividade" da obra apresentada para o avanço do conhecimento. Porém, seria equivocado interpretar esse esquema pressupondo que um modelo é melhor ou pior do que o outro. Por um lado, destaca-se a importância do modelo objetivo, no qual a obra é o ponto de partida e se destaca no processo de produção/publicação científica devido à sua importância teórica/técnica para o desenvolvimento da humanidade. Isso pode ser ilustrado com a invenção do avião como um exemplo de produto de pesquisa aplicada: uma obra cuja importância comercial, cultural e tecnológica para a humanidade é inquestionável, mas cuja autoria ainda hoje é motivo de polêmica. Por outro lado, não se pode prescindir da necessidade do modelo, subjetivo, no qual o sujeito prevalece sobre a obra, justamente pelo papel de aferição de credibilidade e fiabilidade a um trabalho que é apresentado como novidade científica. Nesse caso, pode-se ilustrar com o caso da teoria cosmológica de Peter Higgs sobre a origem do universo. A chamada "partícula de Deus" ou bóson de Higgs foi o ponto de partida para a explicação teórica do início do mundo, formulada pelo cientista embora não tivesse constatação empírica nenhuma. A credibilidade científica do pesquisador obtida pela integridade de sua história, capacidade intelectual e reconhecimento da comunidade foram os atestados pessoais para a sua obra. Em outras palavras, a importância de um trabalho científico também é decorrência da pessoa (autor) que o apresenta, embora isto não seja uma regra. Basta lembrar que quando Einstein apresentou a Teoria do Efeito Fotoelétrico, em 1905, ainda era um desconhecido funcionário de registro de patentes e sua teoria passou praticamente ignorada. Foi notadamente reconhecida em 1921, quando lhe foi concedido o Prêmio Nobel de Física. Portanto seria mais adequado pensar na utilização do modelo objetivo **E** subjetivo, do que debater a prevalência de um **OU** outro.

Não obstante a pertinência dessa reflexão na análise dos aspectos, envolvendo a autoria científica, ainda é preciso lidar com as discrepâncias decorrentes da utilização dos atuais índices de mensuração da autoria/produtividade científica, sejam eles indicadores-produto ou indicadores de impacto.

> Indicadores bibliométricos são **indicadores-produto** (ou ainda indicadores de eficácia) quando se referem a resultados mais imediatos das políticas com a produção de artigos em C&T ou número de patentes. São **indicadores de impacto** (ou indicadores de efetividade social) quando se referem a desdobramentos mais a médio prazo ou a efeitos mais abrangentes e perenes do fomento às atividades de C&T, como o Fator de Impacto de Publicações e outras medidas – não bibliométricas – como a Taxa de Inovação Tecnológica, o Balanço de Pagamentos Tecnológico, o grau de apropriação de tecnologia nacional na produção de medicamentos, na Saúde Pública, no desenvolvimento de novos materiais para construção de moradias etc. (MUGNAINI; JANNUZZI; QUONIAM, 2004, p. 124, grifos do autor).

Entre tais indicadores, destacam-se o Fator de Impacto, proposto por Eugene Garfield em 2002, cujas implicâncias foram apresentadas anteriormente neste trabalho e o Índice H, medida apresentada por Jorge E. Hirsch em 2005. Com o mesmo escopo do Fator de Impacto, o Índice H apresenta-se como um estimador da produtividade científica de pessoas, grupos ou países de acordo com a quantidade de citações recebidas que corresponde ao número de artigos com citações maiores ou iguais a ele. Então, um autor com Índice H = 3 corresponde ao fato de ter três artigos publicados, os quais receberam pelo menos três citações. O problema é que um autor pode ter Índice H = 1 com centenas de citação, enquanto outro pode ter Índice H = 2 com apenas duas citações. Ou seja, o índice pode não corresponder à importância do trabalho ou do autor.

Considerando-se a limitação do estabelecimento de critérios de autoria científica e a imprecisão e viés dos indicadores de impacto torna-se desejável a criação do que poderia ser chamado de um Índice de Contribuição Científica, ou seja, uma escala de mensuração da contribuição efetiva que determinados estudos apresentados trazem para o desenvolvimento humano de acordo com certos aspectos fundamentais relacionados a isso. Tratar-se-ia da elaboração de uma escala semelhante ao Índice de Desenvolvimento Humano (IDH), elaborado pelos economistas Mahbubul Haq e Amartya Sen para medir o grau de desenvolvimento das sociedades de acordo com as variações ocorridas nas áreas específicas de escolaridade, rentabilidade e longevidade. Em termos de avanço científico, as áreas essenciais de avaliação poderiam ser estabelecidas como inovação, aplicação e contribuição para a melhoria da humanidade, algo semelhante ao que é feito para a atribuição do Prêmio Nobel.

Em síntese, parece ficar evidenciado que a atribuição e reconhecimento de autoria em trabalhos científicos é uma questão problemática e complexa, devido à especificidade dos grupos e áreas de pesquisa, à variedade de critérios envolvidos, aos fatores de influência sobre os indivíduos, à fragilidade dos indicadores disponíveis e aos interesses de indivíduos e grupos de pesquisa. Nesse contexto, a necessidade do estabelecimento de um consenso mínimo sobre os aspectos determinantes da autoria científica é uma demanda perene, que corresponde diretamente à manutenção dos padrões éticos requeridos pela ciência, bem como a conservação da credibilidade dos resultados que são apresentados à comunidade científica e à sociedade em geral. Dada a impossibilidade de estabelecer critérios objetivos, que caracterizem a autoria científica, a reflexão ética sobre esse assunto impõe-se como demanda imprescindível que, mesmo não providenciando a solução definitiva para tal problema, é o recurso permanente para a reflexão e resgate dos princípios que regulam todas as práticas humanas, inclusive esta, a autoria científica.

3.5 Princípios éticos da autoria científica

Conforme delineado anteriormente, a autoria científica é uma temática que requer aprofundamento, esclarecimento e aprimoramento, tanto do ponto de vista de sua concepção quanto do ponto de vista do estabelecimento de parâmetros de caracterização. Um pressuposto que se impõe e até mesmo se sobrepõe a todos esses é a reflexão sobre a ética na redação científica, algo que diz respeito ao reconhecimento de princípios fundamentais e inegociáveis em relação às práticas relacionadas à elaboração e apresentação de relatórios de pesquisa, o que envolve o indivíduo, os grupos/áreas de pesquisa e até mesmo as concepções culturais de cada sociedade.

As preocupações com a ética nos processos de elaboração e publicação de trabalhos científicos correspondem à necessidade de reflexão e estabelecimento de parâmetros sobre fraude, conflito de interesses, atribuição de autoria, degenerações autorais (autoria presenteada, fantasma, coagida) e publicação duplicada (CLAXTON, 2005). Devido a isto, vem sendo recomendável às instituições de pesquisa, editores, entre outros, o estabelecimento de regras e diretrizes relacionadas às questões pertinentes aos processos de autoria científica. Nesse sentido, entre as instituições internacionalmente mais conhecidas destacam-se as diretrizes éticas apresentadas pelo *International Committee of Medical Editors* (ICMJE) e o *Committee on Publication Ethics* (COPE).

Preocupados com o estabelecimento de parâmetros mínimos relacionados à publicação científica, em 1997 foi criado o *Committee on Publication Ethics* (COPE) por um pequeno grupo de editores de periódicos médicos. Desde então, o COPE tornou-se uma referência institucional em relação aos princípios éticos para a publicação científica, produzindo pesquisas, realizando eventos, estabelecendo orientações, entre outros serviços. Atualmente, constam entre os membros do COPE os principais grupos editoriais do meio acadêmico: Elsevier, Wiley-Blackwell, Springer, Taylor & Francis, Palgrave Macmillan and Wolters Kluwer.

De acordo com a versão mais recente do *Code of Conduct and Best Practice Guidelines for Journal Editors* elaborado pelo COPE (2011), é recomendado aos editores que adotem iniciativas visando a redução de fraudes nas publicações e ofereçam orientação sobre os princípios éticos na publicação científica, por exemplo:

adoção de processos que estimulem a exatidão, integridade e clareza dos relatórios de pesquisa, incluindo a normalização e a utilização de diretrizes apropriadas e *checklists*. [...] adotando sistemas de autoria ou contribuição que promovam boas práticas (ou seja, de modo que as listas reflitam com precisão quem fez o trabalho) e desencorajem a má conduta (por exemplo, autoria fantasma e autoria convidada); [...] os editores devem fornecer diretrizes sobre critérios de autoria e/ou quem deve ser listado como um contribuinte seguindo os padrões de relevância dentro da área; [...] incentivar revisores para comentar a originalidade das submissões e estar alerta para publicações redundantes e plágio; [...] adotando sistemas de detecção de plágio (por exemplo, *software*, para busca de similaridades) em itens apresentados (seja rotineiramente ou quando são levantadas suspeitas) (COPE, 2011, tradução nossa).[18]

Tais observações atendem a inúmeras constatações e demandas observadas no campo da publicação científica. Witter (2010), citando Trzesniak e Koller (2009), argumenta que produzir ciência de forma ética implica na observância do detalhamento e veracidade do que é apresentado. Mas a autora é veemente em afirmar que "não se deve aceitar aparecer como autor em trabalho para o qual não se tenha realmente contribuído de forma substantiva" (WITTER, 2010, p. 137). Assim, a ética autoral no âmbito científico refere-se tanto às questões de ordem pessoal como tem a ver com o sentido e as implicações públicas da obra científica produzida, especialmente no que depende das

---

[18] "[...] adopting processes that encourage accuracy, completeness and clarity of research reporting, including technical editing and the use of appropriate guidelines and checklists; [...] adopting authorship or contributorship systems that promote good practice (i.e. so that listings accurately reflect who did the work) and discourage misconduct (e.g. ghost and guest authors); [...] editors should provide guidance about criteria for authorship and/or who should be listed as a contributor following the standarts within the relevant field; [...] encouraging reviewers to comment on the originality of submissions and to be alert to redundant publication and plagiarism; [...] adopting systems for detecting plagiarism (e.g. software, searching for similar titles) in submitted itens (either routinely or when suspicious are raised)" (COPE, 2011).

decisões tomadas por seu autor. Por um lado, impõe-se a reflexão sobre a autoridade autoral, e de outro, a responsabilidade autoral. Mas, no fundo, é a consciência e a decisão pessoal do pesquisador que sabe melhor do que ninguém até onde vai a sua importância e contribuição em um estudo. Assim, a honestidade pessoal do pesquisador apresenta-se como o melhor critério de definição de autoria. O problema é que em geral parece que a satisfação dos próprios interesses acaba recompensando muito mais do que o reconhecimento público da integridade. Enquanto TER continuar sendo mais importante do que SER, dificilmente será resolvido o problema da autoria de forma específica como de todos os outros em geral relacionados à humanidade. Consequentemente banaliza-se, por exemplo, a ocorrência do plágio em trabalhos acadêmicos, o que é uma degeneração da autoria que consiste em PARECER, cujas implicações práticas são a erosão do conhecimento e a desonestidade autoral.

Em relação à responsabilidade autoral aqui analisada na perspectiva do que se refere ao resultado obtido pela ação autoral, qual seja a produção científica, recorre-se à argumentação desenvolvida por Artur Matuck por ocasião da proposição de um símbolo internacional para o uso de informação, o SEMION,

> uma marca de permissão indicando liberação de informação para reprodução, tradução, disseminação, utilização ou aplicação. Quando marcada com o SEMION, qualquer informação – seja ela um texto, imagem, projeto, método ou imagem – pode ser reproduzida, traduzida, disseminada, aplicada ou implementada. SEMION serve ao propósito de comunicação sem ambiguidades que informações marcadas podem ser usadas sem restrições financeiras como pagamento de *copyrights* ou *royalties* de patentes (MATUCK, 1993, p. 410, tradução nossa).

A proposta de Matuck em relação ao uso do SEMION refere-se à renúncia dos direitos patrimoniais sem prejuízo da manutenção do reconhecimento moral, ou seja de criação autoral. A discussão de Matuck está orientada para a gratuidade do conhecimento, pois "acredita que temos uma obrigação ética de distribuir o conhecimento para todos os seres humanos" e que a adesão a essa iniciativa é uma maneira efetiva de "construir uma sociedade nova embasada no princípio de que o conhecimento humano é um recurso que deve ser amplamente distribuído para o benefício de toda a humanidade" (MATUCK, 1993, p. 410). Em suma, Matuck entende que "informação como propriedade privada é incompatível com uma sociedade cujo objetivo é o completo desenvolvimento de sistemas de dados visando o acesso mais equitativo a informação" (MATUCK, 1993, p. 410).

Figura 3.1 *SEMION logos, 1993. Concept and logo design by Artur Matuck. Page layout by Jefferson Tavares. Presented as an anonymous graphic work to be freely reproduced and disseminated. Symbols are to be utilized by authors, artists and others to release their information, artwork or other ideas*

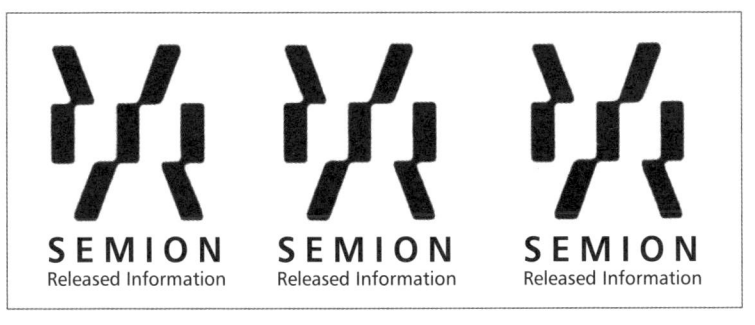

Fonte: Matuck (1993, p. 410).

Entretanto, Matuck esclarece que esta proposta não se trata de uma negação ao reconhecimento e ao direito de aferição patrimonial, a qual todos os autores têm do ponto de vista da legislação de *copyrights* ou patentes. O que ele propõe baseia-se na distinção entre os aspectos patrimoniais e morais esclarecendo que como cabe a cada autor a definição sobre os usos de sua obra, a possibilidade de dispor isso de forma compartilhada sem interesses financeiros é uma escolha que pode ser feita de forma livre e codificada para que tal decisão seja reconhecida. Contudo, Matuck observa que "quando distribuindo sua criação, um autor naturalmente mantém todos os seus direitos morais" (MATUCK, 1993, p. 410), ou seja, mesmo que abra mão dos proventos financeiros de sua obra, ela necessariamente precisa continuar reconhecendo o seu criador. Isso porque Matuck compartilha da noção de direitos autorais morais conforme estabelecidos pela tradição kantiana, de acordo com a qual uma criação literária é parte da personalidade de seu autor e faz parte de sua essência constitutiva decidir sobre os destinos da sua obra, bem como ser perenemente reconhecido pela sua paternidade (MATUCK, 1993).

Enfim, trata-se de uma discussão relacionada à responsabilidade autoral entendida aqui como reconhecimento do indivíduo ou grupo envolvido na produção científica, um aspecto problemático no que se refere à ausência ou insuficiência de marcos regulatórios que estabelecem claramente os limites e possibilidades da atribuição da autoria científica a alguém. Alternativamente, o parâmetro de reconhecimento da autoridade autoral acaba sendo o bom senso individual regulado imperativamente pela consciência de estar agindo de forma honesta e aceitável, de acordo com as expectativas da coletividade. Mesmo que esse aspecto remeta idealmente às noções éticas kantianas, ainda parece restar uma demanda por uma sistematização estabelecedora de parâmetros mais objetivos que, de forma mais fácil ou genérica, permita o reconhecimento de uma autoria científica como dotada de autoridade. Uma possibilidade que parece ser funcional nesse sentido pode ser a compreensão sobre o sentido de criação textual e a identificação do estilo, caracterizando cada texto científico e o distinguindo dos outros.

3.6 Criação e estilo na produção textual científica

O processo de criação científica tem sido objeto de estudo de vários autores, como por exemplo Mikhail Bakhtin, Abraham Moles, George Steiner, Mihaly Csikszentmihalyi e Arthur Koestler entre outros. Encontra-se nas obras desses autores a noção compartilhada de que no âmbito científico a criação nunca resulta do nada, como por exemplo, argumenta Koestler:

O ato criativo não é um ato de criação, no sentido do Antigo Testamento. Ele não cria algo do nada; ele descobre, seleciona, re-embaralha, combina, sintetiza fatos já existentes, ideias, faculdades, competências. Quanto mais próximas as partes, mais marcante é o novo conjunto. O conhecimento humano das mudanças das marés e as fases da lua é tão velho quanto a sua observação de que as maçãs caem na Terra quando amadurecem. No entanto, a combinação destes e outros dados igualmente familiares na teoria da gravidade de Newton mudou as perspectivas da humanidade sobre o mundo (KOESTLER, 1967, p. 120).[19]

Para Koestler (1967), os processos de criação no campo da originalidade artística, inspiração cômica e descoberta científica têm em comum o que ele chama de "pensamento bissociativo", o que para ele corresponde à atividade criativa que opera em mais de um plano. Koestler argumenta que convencionalmente os processos criativos acontecem mobilizando uma matriz de pensamento de cada vez, como por exemplo saber as regras que estabelecem os movimentos das peças no tabuleiro de xadrez. Entretanto, as possibilidades de movimentos que cada peça adquire nas estratégias pensadas pelo jogador durante uma partida configuram o que ele chama de pensamento em mais de um plano. Aprofundando esta reflexão, Koestler argumenta que as "descobertas originais são aquelas que não resultam de um conjunto de regras [...] mas procedem de vários planos, envolvem processos inconscientes nos vários níveis de profundidade" (KOESTLER, 1967, p. 209). Em síntese, a criação científica corresponde a um ato repentino de intuição.

---

[19] "The creative act is not an act of creation in the sense of the Old Testament. It does not create something out of nothing; it uncovers, select, re-shuffles, combines, synthesizes already existing facts, ideas, faculties, skills. The more familiar the parts, the more striking the new whole. Man´s knowledge of the changes of the tides and the phases of the moon is as old as his observation tha apples fall to Earth in the ripeness of time. Yet the combination of these and other equally familiar data in Newton's theory of gravity changed mankind´s outlook on the world" (KOESTLER, 1967, p. 120).

Csikszentmihalyi (1996) também concorda que os processos criativos resultam, em parte, da transformação que é realizada a partir do que já existe. O autor enfatiza inclusive que no campo científico isto é uma condição imprescindível. Entretanto, para ele, isto "[...] quase nunca resulta de um *insight* repentino, um *flash* luminoso no escuro, mas surge depois de anos de duro trabalho"[20] (p. 1).

Contudo, Csikszentmihalyi, por meio de suas pesquisas com cientistas, artistas e inventores entre outros, observou que para essas pessoas, embora os processos de criação sejam penosos, requeiram bastante tempo e geralmente não estejam associados à obtenção de dinheiro e prestígio, trata-se de uma atividade que geralmente surge do interesse e curiosidade de certas pessoas que têm algo em comum: "Todos eles amam o que eles fazem" (CSIKSZENTMIHALYI, 1996, p. 107).[21] E a frase que melhor descreve isto é o interesse permanente em criar e descobrir algo novo.

Nesse mesmo sentido, constatamos a reflexão desenvolvida por Abraham Moles sobre a criação científica. Pressupondo a centralidade do indivíduo e sua atividade mental no processo de representação do mundo, Moles (2007) argumenta que o papel da ciência formal que era da descoberta dos mecanismos de funcionamento da natureza, baseada em uma racionalidade logicizante, cedeu lugar à importância de compreensão do mundo de acordo com modos subjetivos de reunião e articulação de conceitos verbais, visuais e simbólicos, chamadas de infralógicas pelo autor.

Conceitualmente o autor define as infralógicas como "sistemas de pensamento que regem a associação dos conceitos nas camadas profundas do espírito mais evoluído" (MOLES, 2007, p. 173). O autor explica que essa noção é resultado de uma análise dos métodos heurísticos utilizados pelo indivíduo no processo de criação científica. Tais métodos, distintos das leis da lógica

---

[20] "[...] is almost never the result of a sudden insight, a lightbulb flashing on in the dark, but comes after years of hard work" (CSIKSZENTMIHALYI, 1996, p. 1).
[21] "They all love what they do" (CSIKSZENTMIHALYI, 1996, p. 107).

tradicional, constituem-se como redes ramificadas de diferentes caminhos que levam ao conhecimento. O modo como cada cientista percorre essa rede, as associações e implicações que estabelece é que resultam na criação científica.

Aprofundando essa compreensão, o autor reflete sobre outros fatores psicológicos relacionados ao processo de criação científica e destaca o papel das contingências sociais nas escolhas dos temas de pesquisa; reconhece a existência de um fundo comum entre o investigador e a sociedade; infere que esse fundo comum coletivo é representado pelos mitos, os arquétipos da ciência; argumenta que esses mitos constituem-se nas forças que mobilizam a paixão intelectual do cientista (MOLES, 2007). Nessa rede de possibilidades e motivações, cada pesquisador traça um percurso com a experiência pessoal que tem e isto confere ao conhecimento criado uma singularidade estética, permitindo equiparar o cientista ao artista que cria de forma gratuita, apaixonada e lúdica.

Assim, a criação intelectual é caracterizada por um processo subjetivo marcado pelas influências externas e experiências pessoais, o que constitui a obra científica como uma característica de originalidade, correspondendo à singularidade como cada pessoa em seu tempo e lugar estabelece relações, elabora ideias, escreve e organiza seus textos. Isto, de maneira complementar e aprofundada, corresponde àquilo que é designado como estilo autoral que embora seja algo bastante peculiar no meio literário, também já foi objeto de reflexão no âmbito científico e é uma característica fundamental para a compreensão do que constitui a autoria científica.

Portanto, compartilhando das ideias desses autores sobre a importância dos aspectos subjetivos nos processos de criação científica, cabe agora procurar entender como a atividade de escrita e o processo autoral insere-se nesse contexto. Nesse sentido, parece que as reflexões desenvolvidas por Mikhail Bakhtin se justapõem de maneira coerente, embora a reflexão do autor esteja prioritariamente centrada na discussão sobre o processo autoral no campo literário ao invés do científico. Contudo, é interessante observar a ênfase que Bakhtin (2000) dá à importância da intersubjetividade como condição de criação autoral. Para Bakhtin, a construção autoral corresponde à diversidade social de linguagens, o plurilinguismo, que compõe o discurso. Nesse contexto, "o autor-criador passa a ser o responsável não por propiciar o acabamento estético de apenas uma individualidade, mas o de colocar as línguas sociais em inter-relação num todo artístico" (CAVALHEIRO, 2008, p. 77). Assim, Bakhtin observa que é a partir do processo de interação com o outro que se estrutura a fala do autor criador, por meio do que chama de polifonia, a atividade autoral que decorre da alteridade do sujeito da ação discursiva que interage com os outros envolvidos na atividade discursiva (BAKHTIN, 2000).

Portanto, a criação autoral na perspectiva bakhtiniana não é um processo exclusivo e independente, mas fruto das influências e interações, o que em suma pode ser explicado pelas trocas dialógicas que cada autor faz com o mundo que o cerca. Assim, para Bakhtin, a criação autoral não se equipara à ação divina da produção a partir do nada (uma concepção semelhante à de Moles e Koestler sobre os processos de criação), e sim corresponde mais a um ato de recomposição de enunciações compartilhadas do que em síntese é chamado de polifonia, isto é, o produto do diálogo estabelecido pelo autor com as vozes dos outros. Contudo, Bakhtin complementa que o elemento necessário ao autor para o estabelecimento de unidade a todas essas vozes exteriores é o estilo, definido por ele como os "procedimentos empregados para dar forma e acabamento ao herói [...]" (BAKHTIN, 2000, p. 215). Entretanto, um autor que aprofundou os estudos sobre o estilo na obra científica foi Gilles-Gaston Granger para quem "estilo é uma modalidade de integração do individual num processo concreto que é trabalho e que se apresenta necessariamente em todas as formas da prática" (GRANGER, 1974, p. 17). A dissecação desse enunciado leva à compreensão de que a concepção de estilo de Granger está diretamente associada à noção de individualidade, uma característica humana que "somente pode ser aprendida numa atividade prática" (p. 16), pois para ele "toda prática, com efeito, comporta um estilo e o estilo é inseparável de uma prática" (GRANGER, 1974, p. 20).

Diferente do que convencionalmente pode se pensar sobre o estilo, Granger ressalva que o estilo científico não pode ser compreendido como uma "modalidade de expressão ou um tipo determinado de simbolismo" (GRANGER, 1974, p. 19). Ao propor uma estilística da prática científica, Granger resgata a pessoalidade do processo de atividade científica para caracterizar o que chama de estilo científico algo muitas vezes considerado secundário, por não ser a principal razão pela qual o conhecimento científico é validado (p. 339). Não obstante, a reflexão de Granger com vistas à compreensão da estilística científica percorre a área das ciências matemáticas e humanas e culmina no reconhecimento que em ambas o estilo cumpre uma função de individuação que se dá por meio da atividade prática. Nesse sentido, o estilo por seu caráter de individuação funciona como um recurso de reconhecimento e distinção dos autores, em relação às suas obras devido à identificação singular que existe entre a pessoa e sua forma de expressão da realidade. Assim sendo, constata-se que

> O estilo é um modo de ver, que os recursos gramaticais evidenciam ou comportam; e todo modo de visão se patenteia no estilo com que se representa. A circularidade do raciocínio, por ser da própria natureza das categorias em jogo, não perturba; ao contrário, a ideia de estilo somente se define e se configura plenamente na relação com o norte para o qual se dirige: a visão do mundo. E esta, somente se identifica, ganha corpo e estabelece diálogo com o "outro", que somos nós, os leitores, quando se plasma na carne do estilo. Modo de ver, o que se deixa dizer: a realidade. Ambos, mutuamente implícitos (MOISES, 1982 apud CRUZ, 2012, p. 44)

Tais características são exploradas e aprofundadas na tese de Márcia de Oliveira Cruz, a qual realça o enfoque do estilo "como uma autêntica manifestação da pessoalidade [...] compreendida como um conjunto de traços, atitudes e ações que manifestam uma pessoa [...]" (CRUZ, 2012, p. 48). A proposta da autora é caracterizar um estilo no ensino de matemática com o intuito de entender como ele poderia contribuir, quando exercido pelo professor, na construção dos significados das aulas. Conclui que é possível ter um estilo no contexto estudado e que isso desempenha um papel importante, porque se refere à manifestação da pessoalidade de cada professor que se apresenta por meio de seu trabalho, das suas escolhas, preferências e engajamentos. Isso funciona como "fonte de inspiração" e recurso eficaz na tarefa de despertar o interesse dos alunos pela aprendizagem. Então a autora constata que o estilo é como um *élan* que anima, estimula, direciona a ação de qualquer indivíduo em função de um objetivo independente de sua área de atuação. Por isso, a autora aposta que "ele certamente acompanha os cientistas, os matemáticos, assim como todo aquele que está empenhado em convencer o outro da relevância de seu ponto de vista [...]" (CRUZ, 2012, p. 47).

O estilo científico então se caracteriza pela expressão de uma pessoalidade que se apresenta como uma síntese da experiência vivida por cada pessoa, mas também no caso específico do cientista, como expressão da sua criatividade, empenho, produção e satisfação pessoal com o resultado obtido. Assim, estilo científico pode ser entendido como um modo particular e único de se expressar, de ser no mundo, de exercer com singularidade uma diferença que confere autenticidade e originalidade a um determinado produto, seja ele uma pintura, uma música ou um texto.

Portanto, durante o trabalho de produção textual o cientista apresenta os resultados de suas pesquisas e descobertas de um modo que é único, autêntico e irreproduzível. Mesmo no caso de um texto caracterizado por uma sequência de citações de autores diversos, é no percurso realizado para a seleção dos conceitos e para a articulação das ideias desses autores que se manifesta o estilo de cada cientista na composição de seu relatório de pesquisa.

Embora no campo literário e artístico o modo de fazer seja um fator indiciário explícito que identifica o autor a partir da obra de maneira inquestionável como acontece, por exemplo, no caso do reconhecimento de uma obra artística de Tarsila do Amaral que facilmente é identificada pelas características invariantes do seu traço fluido e de formas arredondadas, na obra científica a identificação de um traço estilístico que caracteriza determinado autor não é tão fácil de ser constatado. Não obstante,

> o estilo aparece, exatamente como na literatura ou na pintura, como um invariante fundamental, transcendendo as categorias lógicas ou fenomenais, ligado ao *caráter* do pesquisador e cujos principais aspectos devem estar vinculados aos fatores caracteriais. Somos portanto conduzidos a uma caracteriologia do trabalhador científico, considerado como fator determinante da ciência, cuja objetividade e imparcialidade são, no *status nascendi* da descoberta, apenas aspectos bastante superficiais (MOLES, 2007, p. 221, grifos do autor).

O estilo é assim, um modo particular de criar, processo no qual influenciam outros aspectos como fatores psicológicos, as contingências sociais nas escolhas dos temas de pesquisa; a influência do fundo comum coletivo representado pelos mitos e arquétipos científicos que são as forças que mobilizam a paixão intelectual do cientista (MOLES, 2007). Nessa rede de possibilidades e motivações, cada pesquisador traça um percurso com a experiência pessoal que tem e isto confere ao conhecimento criado uma singularidade estética, que permite equiparar o cientista ao artista que, de acordo com a reflexão de Moles (2007), cria de forma gratuita, apaixonada e lúdica. Portanto, dessa perspectiva, a criação intelectual é caracterizada por um processo subjetivo, marcado pelas influências externas e experiências pessoais, o que constitui a obra científica como um fruto da originalidade investigativa de um sujeito em seu tempo e lugar.

Tais ideias remetem essa reflexão para a retomada da discussão sobre a especificidade da autoria científica que, embora reconhecidamente diferente da autoria literária, possui características próprias que são do âmbito da subjetividade do pesquisador, tais como a criatividade e a estilística, as quais inelutavelmente incidem diretamente no produto final do trabalho do pesquisador.

Ressalta-se que a marca do autor no texto científico, embora possa ser como uma "impressão digital" que assegura uma identidade autoral, o reconhecimento disso não é explícito como também não é no caso dos textos literários. Talvez pouquíssimos especialistas na obra de alguns autores clássicos seriam capazes de, ao ler uma página de texto literário, dizerem de forma indubitável que esse texto é de Dostoiévski; este, por sua vez, é de Machado de Assis e aquele tem o estilo característico de Fernando Pessoa. Admite assim que as características pessoais do autor, embora sejam marcantes e fundamentais para a construção da identidade da obra, não chegam a constituir-se como um símile da pessoa, mas apenas expressão do mesmo. Se na obra literária esta identidade "obra e autor" não é tão simplesmente reconhecível, mais difícil ainda de ser constatável acontece no caso do texto científico. Porém existe! Está lá, nas entrelinhas, no vocabulário utilizado, no percurso reflexivo traçado no repertório histórico cultural mobilizado. A estilística na autoria científica existe e manifesta-se não como um produto, mas como expressões elementares, que vão se dispondo dentro do processo de criação autoral. Assim, o estilo científico não é identificável no produto, na parte, mas está presente no todo, no processo.

Aspectos característicos desse estilo processual científico podem ser identificados pela área de pesquisa, na qual o autor está produzindo conhecimento, e pelos interlocutores textuais com quem geralmente dialoga no texto a forma como estrutura, organiza e expressa textualmente as ideias. Dessa maneira que se identifica na obra de Antonio Damásio, por exemplo, um estilo próprio, uma pessoalidade que se expressa em seus textos, única e irreproduzível. Inicialmente, o campo de criação científica de Damásio é a neurociência e isso funciona como o aspecto fundamental de sua identificação autoral. Mas, além disso, a abordagem que Damásio faz das descobertas científicas dele é feita de um modo bastante peculiar do ponto de vista de seu interesse e diálogo com autores do campo da filosofia como René Descartes e Spinoza. Por fim, o modo pessoal de apresentar essas relações por meio de uma estrutura textual simples e direta, chegando a ser até mesmo coloquial e ensaístico, tudo isso faz do texto científico de Damásio um produto original dotado de autoridade e reconhecimento.

Obviamente tais características de estilística textual científica não são comumente identificadas. É que no campo científico as exigências e o rigor da estrutura acadêmica parecem impor uma "armadura formalista" antiestilística no processo de criação e elaboração textual. Assim, de modo genérico, a produção textual científica acaba limitando-se a um trabalho de redação frio e indiferente, que não se identifica com a subjetividade do autor. O texto científico impõe-se dessa maneira apenas como recurso a ser utilizado, meio de veiculação de uma comunicação carregada de novidades que precisa ser anunciada. Por isto, o conteúdo científico geralmente se sobrepõe à forma e ao texto científico e acaba sendo uma massa textual de letras e palavras desencantadas que, além de resultarem muitas vezes de um esforço imenso de parto intelectual, acabam padecendo da falta de charme do ponto de vista dos leitores.

Mas teria o texto científico a finalidade de ser um *best-seller*, uma obra consagrada e reconhecida na literatura mundial tal como *A metamorfose* de Franz Kafka, *Os irmãos Karamazov* de Dostoiévski ou o *Dom Casmurro* de Machado de Assis? Certamente até pode-se alegar que NÃO, pois a finalidade da obra científica é o compartilhamento e debate de ideias entre os pares apenas ao invés da comunidade humana. Obviamente tem-se que concordar com isso! Mas isto não implica assumir que essa é a razão de suficiência para que o texto científico seja desprovido de uma estilística e encantamento mais popular e menos encastelado.

Nessa linha de reflexão faz sentido observar alguns apontamentos feitos na obra *O ensaio como tese* de Víctor Gabriel Rodríguez. O autor parte do princípio de que

> o método de redação científica com que lidamos encontra-se desgastado. A facilidade da busca e do armazenamento da bibliografia e a cristalização de algumas rotas que se impõem como vias únicas para acesso a esta ou àquela área do conhecimento, para enunciar apenas dois fatores, têm incomodado cientistas. Talvez por notarem a falta de eficácia do acúmulo incessante de referências, talvez por pleitearem a desconstrução de estigmas que vedam a busca de caminhos novos a partir de suas raízes, ou até por uma percepção ge-

nérica de que o método recomendado não dá vazão ao pensamento, o *fato* é que algumas *boas* teses aparecem hoje, na América e na Europa, com feições de *ensaio* (RODRÍGUEZ, 2012, p. 11, grifos do autor).

A partir daí Rodríguez desenvolve uma reflexão que visa estudar o que representa o estilo ensaístico hoje com vistas à adoção de uma proposta ensaística como modelo alternativo para a escrita de teses científicas. Para o autor, essa modalidade traz como vantagens a "forma livre, da sinceridade do impulso criativo e, ainda que pareça paradoxal, da possibilidade de exposição objetiva de uma ideia nuclear, que aparece mascarada quando em um texto de estrutura inflexível" (RODRÍGUEZ, 2012, p. 12).

> O ensaio como uma composição textual argumentativa que permite enunciar elementos concretos e abstratos com suficiente conflito, a fim de facultar que o leitor acompanhe o processo de combinação e transformação de ideias, podendo complementá-las ou delas duvidar, por conta de seu estilo de exposição (RODRÍGUEZ, 2013, p. 92).

O entusiasmo e a motivação propositiva do autor, em relação ao estilo ensaístico na obra científica teórica no campo das humanidades, residem na convicção do autor quanto à necessidade de extrapolar o texto acadêmico do mero acúmulo e apresentação de informação para a composição de uma narrativa, que seja instigante do ponto de vista da trama que se estabelece entre a dúvida científica e a busca da resposta. Contudo, Rodríguez é precavido na sua proposição, adiantando-se a observar que a produção científica ensaística não se trata de um apequenamento do rigor metodológico, da falta de critério enunciativo, de um texto confuso e misturado que desvirtua o conhecimento científico e, portanto, não pode se constituir como uma "valsa de horrores". A opção do ensaio como uma modalidade de redação científica é entendida por Rodríguez como um recurso criativo que dá vazão à liberdade e à espontaneidade autoral no campo científico que muitas vezes fica "trancada em um luxuoso cárcere de grades de ouro" (RODRÍGUEZ, 2012, p. 17). Nesse caso, o autor faz uma crítica à produção textual acadêmica que se caracteriza mais por um empilhamento ultrarreferencial, limitando-se a um trabalho metaliterário, no qual a criatividade e a novidade científica acabam diluídas ou quiçá, inexistentes.

Para Rodríguez, a saída dessa situação se dá por meio do que ele chama de *processo narrativo*, uma forma de estruturação textual orientada pelo intuito da criação original, mas complementada por aspectos como o posicionamento ideológico do autor, suas intencionalidades textuais, a busca de unidade de sentido da obra e o emprego do ritmo da escrita, aspectos admitidos como cruciais para a obtenção da originalidade acadêmica.

Apesar de inovadora e interessante, a proposta de Rodríguez apresenta limitações. Primeiro porque considera o alcance do ensaio como tese apenas no campo das ciências humanas, segundo, dentro dessas, limitar-se-ia a uma modalidade autoral específica para os trabalhos teóricos. O autor prefere permanecer no seu círculo de segurança acadêmica, mas isso não depõe contra o mérito da sua reflexão. Tal observação cumpre aqui apenas a função de destacar o nível de dificuldade que há em estabelecer padrões de autoria científica, os quais possam ser compartilhados consensualmente.

Entretanto, apesar das limitações características de cada área científica, bem como o reconhecimento de que a reflexão sobre a autoria científica ainda está no seu início, as alternativas apresentadas são contribuições que, embora não solucionem o problema, indicam possibilidades de ressignificação dos processos autorais científicos. Ainda que não sejam novos paradigmas para a escrita científica, apenas o fato de representarem sistematizações decorrentes da necessidade de repensar tais características autorais é um sinal evidente de que os modelos convencionais já não são inteiramente suficientes. Nesse caso, cabe destacar e enfatizar a importância e necessidade do desenvolvimento das reflexões nesse assunto. Como denúncia, pode-se supor que o trabalho está feito, contudo o anúncio das possibilidades e soluções ainda não é evidente. Apesar disso, acredita-se que se mantém o mérito dessa reflexão por pelo menos amplificar um assunto que pode passar despercebido, mas que no entanto faz parte da rotina e do cotidiano da tarefa científica.

Conclusões
Autor: nem Deus, nem Lavoisier!

A proposta principal deste estudo foi discutir as relações existentes entre autoria e plágio e suas implicações no processo de produção textual no âmbito da produção científica, visando contribuir com as reflexões relacionadas à construção da autoridade textual científica. Considerando tal objetivo, o fenômeno do plágio no âmbito acadêmico foi analisado a partir da bibliografia disponível e da produção científica brasileira e internacional, bem como foram discutidas as concepções teóricas relacionadas à autoria, contextualizando-as na perspectiva da produção textual científica. Nesse sentido, apresentamos a seguir uma série de desdobramentos e reflexões produzidas neste percurso teórico, que esperamos permitir um aprofundamento na compreensão da temática investigada, sobretudo considerando as mudanças suscitadas pelo advento das novas tecnologias de informação e comunicação. Entre tais reflexões destacamos as oscilações teórico-práticas nas ideias de plágio e autoria; as especificidades do texto literário em comparação com o texto científico; as características de autoridade e responsabilidade no processo autoral; as distinções entre propriedade patrimonial e moral; e as relações entre ética (leis morais) e técnica (normas e diretrizes).

Autoria e plágio: entre a criação e a reprodução

Constatamos nesse estudo que o plágio se refere a um tipo de desvio caracterizado por uma complexidade, ou seja: (1) é um fenômeno identificável em distintas áreas (literatura, música, moda, acadêmica etc.); (2) na área acadêmica adquire características peculiares em cada um dos níveis de ocorrência (educação básica, graduação, pós-graduação e entre pesquisadores); (3) há pelo menos duas categorias distintas de envolvimento dos sujeitos com esta prática (intencional e acidental); (4) a identificação ou a prevenção pode ser dificultada devido à variedade de tipos de manifestação (direto, indireto, mosaico etc.); (5) é um fenômeno que envolve responsabilidades de todos os agentes no processo educativo: estudantes, professores, pesquisadores, editores, instituições e sociedade. Assim, foi delineado um cenário de compreensão sobre o plágio na área acadêmica que permitiu a observação de que tal problema adquire contornos específicos. Considerando esses aspectos, identificamos duas correntes distintas na reflexão e abordagem do assunto. A mais tradicional e conhecida corrente de pesquisa e orientação sobre o plágio acadêmico, que aqui originalmente denominamos **CORRENTE LEGALISTA**, caracteriza-se essencialmente pela produção de estudos sobre motivos de ocorrência do plágio e estimativas de frequência no meio acadêmico, prescrição e aplicação de normas e mecanismos visando a identificação e controle, tais como especificações de tipos de plágio, utilização de *softwares* para detecção, adoção de códigos com sanções e punições entre outros. A corrente legalista tem uma característica essencialmente pragmática e normatizadora em relação ao enfrentamento do plágio e não há um grupo de autores que representam de forma destacada essa corrente. Embora haja uma extensa bibliografia internacional sobre o plágio acadêmico, verificou-se um mutirão de pesquisas e iniciativas que têm em comum a preocupação e a busca de soluções práticas para o problema. Exemplos deste tipo de produção podem ser constatados nos serviços oferecidos pelo *website* <www.plagiarismadvice.org>, nas conferências bienais sobre plágio acadêmico promovidas pela empresa britânica *iParadigms*, em projetos internacionais, como o *Impacts and policies for* *plagiarism in higher education across Europe and beyond*, e em publicações científicas especializadas, como o *International Journal for Educational Integrity*.

A outra corrente de abordagem sobre o plágio acadêmico denominamos de **CORRENTE COLABORACIONISTA**. Essa não tem uma estrutura acadêmica de divulgação e a quantidade de trabalhos nessa área ainda é pequena. Entretanto, verificamos a existência de publicações de pesquisadores que vêm adotando uma abordagem de revisão e crítica quanto aos modelos e regras convencionadas em relação ao plágio, ao mesmo tempo em que vêm propondo novas possibilidades autorais. Portanto, essa corrente caracteriza-se mais pela interpretação histórica e teórica, visando uma problematização do plágio nas suas interações com os aspectos que caracterizam a autoria. Nessa perspectiva, destacam-se os trabalhos desenvolvidos por Marsh (2007), Goldsmith (2011), Kewes (2003), Randall (2001), Buranen e Roy (1999), Howard (1999), Mallon (1989) e Lindey (1952). São autores que discutem aspectos relacionados às diferenças históricas e ideológicas do conceito de plágio ou a exploração comercial que a conservação da ideia de propriedade autoral permite, bem como ideias relacionadas às imposições imperialistas e unilaterais de convicções ideológico-culturais que não são universais.

Considerando essas duas perspectivas de abordagem do plágio, quanto à corrente legalista, entendemos que ela cumpre uma função importante e necessária do ponto de vista do enfrentamento imediato do problema do plágio acadêmico, porém consideramos insuficiente se reconhecermos, por exemplo, que de fato o conceito tido sobre o plágio advém do conceito moderno de autoria, estabelecendo legalmente a ideia de propriedade privada sobre a obra escrita o que não existia antes da invenção da imprensa. Entretanto, as mudanças suscitadas pelo surgimento das novas tecnologias de informação e comunicação, caso da Internet, trouxeram novas configurações e implicações para o processo de produção e circulação de informações e conhecimentos, o que tem ressignificado o processo autoral. Assim, o que se percebe na atualidade é a manutenção da ideia moderna de autoria e plágio à revelia das mudanças suscitadas pelo advento das novas tecnologias.

Podemos citar como exemplo da insuficiência das concepções adotadas de autoria e plágio, e isso ocorre, por exemplo, em relação ao que é considerado um texto acadêmico original. Se temos em mãos um texto com três parágrafos, no qual cada um deles é uma paráfrase do trabalho de algum outro autor com as devidas citações e referências, do ponto de vista da norma convencionada trata-se de um texto autoral, sem plágio. Assim, a citação e a referência às fontes cumprem perfeitamente a função de evitarem o plágio. Contudo, um caso como este poderia ser considerado, de acordo com as observações debochadas de Schneider (1990), um exemplo de "plágio civilizado", isto é, de reprodução, de cópia autorizada pela crença na citação, "um brasão desajeitadamente exibido pelo novo-rico da cultura cioso de passar por letrado" (SCHNEIDER, 1990, p. 340). No fundo, trata-se de uma autoria formal, na qual a essência de originalidade e criação não são os pontos fortes, mas a justaposição textual de trechos de obras alheias feita de acordo com as normas e exigências convencionadas representa uma adequação aceitável e desejável. Assim, legitimam-se os requentamentos intelectuais, uns ecos conceituais estéreis que cumprem as exigências de reconhecimento de fontes utilizadas, mas cujas citações não chegam a representar uma polifonia dialógica como pensada por Bakhtin, tampouco cumpre a função autor observada por Foucault, no que se refere à garantia de fiabilidade de um texto e ficam muito aquém de representarem uma criação científica inovadora como encontramos nas reflexões de Koestler e Csikszentmihalyi.

Além disso, também concordamos com Ítalo Calvino, para quem a citação em um texto cumpre a exigência de tornar o desenvolvimento dos raciocínios na escrita mais rápido, o que resulta na economia das narrativas, e um narrador inepto é justamente aquele que não sabe dar ritmo ao texto. Ao contrário, salienta Calvino, "o êxito do escritor [...] está na felicidade da expressão verbal, que em alguns casos pode realizar-se por meio de uma fulguração repentina, mas que em regra geral implica um paciente à procura do *mot juste*, da frase em que todos os elementos são insubstituíveis, do encontro de sons e conceitos que sejam os mais eficazes e densos de significado [...] uma expressão necessária, única, densa, concisa, memorável" (CALVINO, 1994, p. 61). Nesses casos, a citação literal justifica-se pela clareza e objetividade da ideia original.

Especificidades do texto literário em comparação com o texto científico

Amparados nas reflexões de Snow (1965), Ricoeur (1987), Bruner (2001) e Steiner (2003), reconhecemos que a natureza do texto científico comparado ao texto literário guarda algumas especificidades devido às características típicas de cada uma dessas áreas de expressão humana. Entretanto, observamos que há espaço para o desenvolvimento de um texto científico como resultado de um processo de artesanato autoral, algo que não depende e tampouco é regulado por critérios e diretrizes externas, mas que, por um lado, está diretamente relacionado à pessoalidade autoral. São os casos, por exemplo, de trabalhos reflexivos caracterizados por poucos autores, como os que são encontrados nos campos das humanidades e ciências sociais. Também podem ser os casos da adoção de mecanismos consensuais de participação e interação no processo de produção textual multiautoral como, por exemplo, da Wikipédia ou da produção textual científica na área das ciências experimentais, como a Física, exemplificados por Biagioli (2003). Do ponto de vista do fazer textual artesanal, consideramos relevantes as reflexões desenvolvidas por Granger sobre o cultivo do estilo autoral no campo científico. Concordamos com Granger que o desenvolvimento da identidade textual é um produto da singularidade vivenciada por cada pessoa que é concretizada num modo particular e único de se expressar. Dessa maneira, consideramos que o texto acadêmico, historicamente entendido como distinto do texto literário, pode ser um produto textual caracterizado pela autenticidade e originalidade da situação estilística autoral, na qual apresentamos como ilustrativa a reflexão desenvolvida por Rodríguez (2012) em relação à possibilidade da utilização do gênero ensaístico como uma modalidade autoral científica, mesmo em matemática (CRUZ, 2012).

Constituir-se autor é um fazer-se e ser feito pessoa, algo que vai engendrando uma estilística única, um modo autoral autêntico que entendemos não ser uma escolha *a priori*, senão uma consequência do hábito de escrita pessoal, que se aprimora na medida em que é praticado de forma livre, pessoal e intencional. Assim, acreditamos na melhoria da qualidade textual, na medida em que o texto resulta da espontaneidade da escrita e é enriquecido pela carga de experiências e repertório pessoal do autor. Mas, além disto, um componente essencial neste processo é a vontade de escrever bem, melhor e bonito a cada trabalho realizado.

Concluímos que a produção textual científica original, no fundo, é uma experiência que decorre antes de um imperativo subjetivo pautado pela capacidade instrumental, honestidade pessoal e bom senso coletivo. As regras, diretrizes e padrões estabelecidos são necessários para traçarem as linhas gerais de funcionamento da produção científica, porém ao mesmo tempo são insuficientes, porque a identidade autoral é tributária da subjetividade de quem escreve. E constatamos que os modos e as possibilidades de escrita na atualidade são radicalmente novos se comparados aos que eram antes da revolução tecnológica. Dessa forma, insistir na imposição de modelos convencionais, ignorando as novidades e condições textuais dos dias de hoje, acaba sendo a reificação de uma idiossincrasia do cumprimento das normas sem a revisão das finalidades às quais elas se referem. O que, em nossa opinião, denota uma postura que contribui para o cultivo de uma obsessão pelo plágio e legitimação de uma ditadura da citação. Uma carrega o peso do ultrapassado e a outra pode ser apenas o que Schneider (1990) chamou de "emblema supérfluo", uma intencionada e também dissimulada erudição de quem escreve.

As características de autoridade e responsabilidade no processo autoral

A citação de um autor tem uma finalidade mais nobre do que simplesmente ser como uma marca de texto que identifica uma propriedade. A citação autoral é uma forma de aferir a autoridade científica de uma afirmação, que para o leitor iniciado na liturgia acadêmica significa tratar de um conhecimento já previamente demonstrado e validado. Assim, a citação, mais do que prevenção de plágio, deveria cumprir a função de aferição de validade científica das proposições apresentadas em um texto.

A ideia subjacente a essa reflexão diz respeito ao reconhecimento e importância da autoridade textual de um escrito. Nesse sentido nos amparamos nas ideias de Chartier e Foucault, de acordo com os quais, no processo de constituição da autoria, muito antes do fortalecimento da noção de propriedade intelectual vinculada ao autor, prevalecia a ideia de autor como "aquele que dá identidade e autoridade ao texto" (CHARTIER, 1998, p. 32); e com a reflexão de Foucault essa noção de autoridade textual é aprofundada, indo além da referência a uma pessoa. A autoridade textual está relacionada à caracterização de um texto do ponto de vista social e cultural, cuja função é conferir ao texto uma forma de existência particularizada e fiabilidade (FOUCAULT, 2009). Tais constatações nos induziram ao amadurecimento da reflexão sobre o entendimento do papel do autor e da autoria em relação à produção textual, a qual adquiriu maior complexidade diante das mudanças históricas, culturais, filosóficas e comportamentais que caracterizam a contemporaneidade. Portanto, reconhecemos que, da mesma forma que a ideia de plágio permanece caracterizada por noções da modernidade não atualizadas, a concepção autoral é bastante vinculada à ideia moderna da autoria, não obstante foram as exigências de transformação que mudanças históricas como o advento das novas tecnologias trouxeram para o processo de produção textual.

Em relação a esse aspecto, consideramos importante a observação que fizemos quanto à contribuição histórico-teórica sobre as interações entre plágio e autoria. Por exemplo, verificamos que, embora o conceito de plágio remonte à Antiguidade, essa prática nem sempre foi considerada inteiramente reprovável. Carboni (2001) explica que na Antiguidade o processo de criação autoral supunha a reutilização de outros textos e a prática dos monges copistas medievais é reconhecida e louvada pelo papel desempenhado na conservação do conhecimento acumulado historicamente. Até a modernidade, portanto, a originalidade autoral não era requerida como reivindicada na atualidade. Foi especificamente após a invenção da imprensa, e por pressão das companhias editoriais, que a noção de propriedade privada sobre um texto passou a existir de forma institucionalizada culminando no *Copyright Act* em 1710, quando a Rainha Ana, da Inglaterra, estabelece a primeira regulamentação autoral, o que acaba caracterizando a noção de autoria como propriedade sobre uma obra como existe até os dias de hoje. Simultaneamente, a ideia de plágio como apropriação indevida passa a ser o aspecto correlacionado a tal concepção autoral.

Contudo, a análise histórica da ideia de autor e a construção da autoria no que se refere à escrita possibilita o reconhecimento de um processo evolutivo da caracterização e dos papéis de elaboração textual. Enquanto na Antiguidade ocorreu o prevalecimento do que se diz sobre quem diz, na Idade Média o papel do escritor começa a ocupar um espaço "profissional" que irá culminar na institucionalização da autoria no começo da modernidade. Entretanto, a reflexão sobre o autor e a autoria não se limita a uma cronologia histórica e carrega consigo uma complexidade que não é apenas fenomenológica, isto é, possui uma abrangência que extrapola os limites da atribuição de uma responsabilidade física em relação a um texto. Então, a reflexão sobre a autoria permite ir além do reconhecimento do fato que se trata de um modo de expressão de criatividade e da invocação de temas como a autoridade e a propriedade sobre um texto. A análise sobre a produção textual requer também o aprofundamento sobre a identidade e a funcionalidade das ideias contidas nas obras escritas, o que representa uma mudança do eixo de reflexão do indivíduo para a obra. Assim, constata-se que a identidade autoral de uma obra escrita não se reduz a um ou vários nomes, mas precisa levar em consideração as implicações que a atribuição de um nome pode dar a um texto e seu papel de significante, mais do que de significado, ou seja, a autoria de uma obra tem como componentes o contexto no qual é produzida, o papel desenvolvido pelo leitor na tarefa de estabelecimento do *status* de uma obra, entre outros.

Não obstante a importância da apropriação literária de uma obra ser caracterizada pela sua natureza de criação original e pela especificidade de sua apresentação (CHARTIER, 1993, p. 41), argumentamos que o destaque de um texto não se esvazia na genialidade, no estilo ou na identidade do seu autor, porque a decantação das ideias e imagens contidas em um texto precisa fazer sentido para quem é seu leitor, caso contrário a obra acaba ensimesmada e empobrecida e seu autor desconhecido e irrelevante. Portanto, acreditamos poder inferir a partir das reflexões produzidas que a autoria de um texto é uma certa forma de atestar a identidade dos sujeitos que interagem no texto (o que é um acréscimo à noção de autoria como propriedade sobre um texto) funcionando como um suporte da discursividade estabelecida.

Pensamos que uma implicação disto é o entendimento de que ao se apresentar como próprias as ideias alheias (plagiar), esvazia-se a possibilidade de instauração da discursividade, pois a identidade dos sujeitos que se colocam no debate não é legitimamente constituída. Falta autenticidade à autoria e, consequentemente, originalidade ao discurso apresentado. Dessa forma, a função autor descaracteriza-se ao perder fiabilidade, não cumpre o papel de ser um mecanismo de apropriação do discurso apresentado e tampouco permite distinguir as diferentes vozes que interagem no discurso.

Portanto, remetendo essas ideias à temática deste livro, argumenta-se que além da crítica e reprovação pessoal ao plagiário, destaca-se como resultado da prática do plágio a fragilização da necessária discursividade que caracteriza o texto científico. Dessa maneira, pode-se entender que o dano maior do plágio, quando prática intencional, não se refere a uma eventual perda da reputação do plagiário ou da negação da identidade do plagiado, mas tem a ver com a artificialidade do conteúdo da obra apresentada devido à insuficiência autoral. O texto plagiado, ainda que tenha validade argumentativa, degenera-se quando rotulado de plágio porque deixa de ter credibilidade, passa a ser voz sem identidade e, portanto, voz órfã de tutoria.

As distinções entre propriedade patrimonial e moral

Esse estudo também permitiu a reflexão de que o entendimento tido sobre o plágio no âmbito acadêmico também extrapola as definições dos dicionários, as quais são compartilhadas pelo senso comum, por exemplo, tratando-se simplesmente da apropriação indevida de obra alheia. A concepção de plágio acadêmico extrapola essas descrições porque do ponto de vista acadêmico prevalece o sentido de fraude sobre a ideia de roubo ou empréstimo indevido, o que ocorre não apenas quando um autor original não é reconhecido, mas também quando há utilização consentida da produção intelectual de outros (a qual é comprada ou presenteada), mas apresentada como se fosse de autoria própria, bem como a reapresentação de obra própria em situações diferentes com o escopo de obter vantagens diferentes sobre o mesmo trabalho. Em ambas as situações, persiste a dissimulação da autoria diante de quem recebe a obra, por exemplo, um professor, orientador, editor ou instituição de ensino e pesquisa. Note-se que nesses casos não se trata de uma questão jurídica, pois a cessão de direitos autorais de forma gratuita ou vendida é prática aceita pela lei. Contudo, quando alguém submete a uma instituição acadêmica um trabalho feito por outra pessoa, o qual foi cedido gratuitamente ou comprado, embora tal trabalho do ponto de vista legal não tenha nenhum tipo de problema jurídico, academicamente continua sendo uma infração, porque se trata de um trabalho com autoria fraudada. Assim, no meio acadêmico, o conceito convencional de plágio, embora reconhecido como apropriação de obras ou ideias alheias que são apresentadas como próprias, adquire uma relevância distinta daquela verificada no âmbito jurídico, porque se trata de um assunto relacionado mais à questão de direitos autorais morais do que de direitos patrimoniais. É que no âmbito da pesquisa o recurso ou a consideração de obras alheias faz parte do processo de construção da obra científica. Nesse sentido, o uso da obra alheia é livre e desejável, mas o reconhecimento da fonte da informação e da paternidade autoral continua sendo uma exigência.

Também constatamos com as reflexões desse estudo que, no âmbito internacional, apresenta um volume expressivo de conhecimento produzido sobre o assunto em relação ao qual prevalece tanto uma compreensão compartilhada quanto a sua definição, motivos de ocorrência, formas de manifestação e medidas de enfrentamento. Contudo, também foram notadas algumas especificidades culturais em relação a alguns tipos de ocorrência como, por exemplo, o que caracteriza o plágio indireto e o autoplágio. Em algumas culturas, como a chinesa e a turca, o aproveitamento de ideias alheias não configura fraude e a utilização das próprias ideias em trabalhos diferentes continua a ser um tipo de fenômeno bastante comum em diversos lugares, denotando parecer uma prática que, embora seja considerada fraude autoral, não corresponde à concepção que muitos pesquisadores têm. Assim, acredita-se que tais inconsistências evidenciam uma insuficiência ou necessidade de atualização conceitual do que se entende e de fato caracteriza o plágio na contemporaneidade.

Identificamos ainda a existência de fases distintas no decorrer do tempo quanto à forma de abordagem do problema: na atualidade, os esforços internacionais concentram-se mais nos aspectos externos do que nos internos, por exemplo, mais do que refletir sobre razões pessoais, o foco de reflexão refere-se ao papel das instituições e do cultivo de um ambiente de integridade acadêmica como ações eficazes no combate ao plágio. Entretanto, ainda que tais iniciativas sejam importantes, considerando-se, por exemplo, a necessidade de treinamento e capacitação com o intuito de prevenir a ocorrência de plágio acidental e até mesmo regular e punir a ocorrência do plágio intencional, verificamos nos estudos dessa obra que há circunstâncias, nas quais mesmo a ação deliberada de plágio precisa ser analisada na perspectiva do indivíduo. Amparados pelas reflexões de Lacan em relação a um caso concreto de plágio intencional, constatamos que o (in)consciente dos indivíduos tem motivações que nem sempre podem ser simplesmente rotuladas de picaretagem (KROKOSCZ, 2012c). Por meio de tal estudo, que teve por objetivo caracterizar o plágio em relação à autoria, a escrita e o discurso servindo-se dos eixos constitutivos da teoria psicanalítica lacaniana, quais sejam os conceitos de real, simbólico e imaginário, constatou-se que "o plágio apenas sinaliza uma inclinação humana em satisfazer alguma demanda subjetiva mal resolvida, o que eficientemente enfrentado deixa de existir e cede lugar à apropriação de si, o que no caso do plagiário corresponde à autoafirmação da própria identidade" (KROKOSCZ, 2012c). Assim, destaca-se a existência de uma profundidade moral relacionada à problemática do plágio, que não pode passar despercebida ou até mesmo negligenciada se interpretada apenas do ponto de vista da lógica patrimonial e impessoal.

Além do mais, indagamos sobre a perenidade da existência do problema. A impressão que tivemos com os estudos realizados é que, embora o plágio venha sendo estudado e enfrentado de forma prática, o que consideramos importante e necessário, parece que tais iniciativas têm se apresentado como insuficientes, pois o problema continua a existir e vem se intensificando ou se tornando cada vez mais evidente devido às novas tecnologias de informação e comunicação.

Considerando o cenário brasileiro, notamos que o estudo e a pesquisa do problema ainda estão em fase bastante inicial e no que se refere à adoção de medidas de combate e enfrentamento é praticamente inexistente, embora tenhamos verificado o surgimento de um movimento seminal de preocupação nacional sobre o assunto por meio de publicações de agências de fomento à pesquisa, discussões nas instituições de ensino e até mesmo pelo aumento da visibilidade do problema na mídia. Consideramos que isso denota a necessidade de tomada de decisões urgentes em relação à problemática do plágio acadêmico, pois o desconhecimento sobre o assunto e a ausência de políticas e regulamentações relacionadas não significam que a questão não exista. No mínimo significa que não se trata de uma preocupação na lista de prioridades no âmbito da pesquisa nacional, o que pode ser interpretado como se o problema não existisse, e nesse caso o Brasil seria uma exceção global, o que pelas evidências obtidas em alguns estudos empíricos não se sustenta.

Entretanto, esse cenário relacionado ao plágio está diretamente ligado à ideia de autoria patrimonial, enfatizando apenas um lado da problemática, especificamente aquela que diz respeito à conservação da apropriação, exercida por alguém sobre uma determinada obra. Verificamos por meio das reflexões de Chartier, Foucault e Carboni que a noção patrimonial da autoria foi criada a partir da invenção da imprensa e surgiu como resultado de pressões exercidas por livreiros, editores e autores preocupados fundamentalmente com a preservação dos seus interesses materiais. Porém, além dessa noção que adequadamente corresponde ao que se entende por direito autoral, é preciso considerar a dimensão dos direitos morais, o que diz respeito ao reconhecimento da pessoa do autor independentemente do pagamento de créditos e, além disso, a retomada da reflexão sobre a importância e finalidade do conhecimento produzido.

De acordo com as reflexões desenvolvidas nesse estudo, entendemos que com o advento da pós-modernidade e as novas possibilidades autorais, a apropriação patrimonial vem sendo alvo de críticas e questionamento, seja pela forma mais rápida e fluida que as informações circulam pela Internet, bem como por um movimento de debate que vem discutindo e defendendo o caráter público (*commons*) do conhecimento humano. Consideramos que as ideias defendidas pelo *commons paradigm* mantêm uma coerência conceitual adequada aos processos de circulação de ideias, caracterizando a atualidade ao mesmo tempo em que se defende de modo procedente a concepção de que o conhecimento humano não se reduz a uma *commodity* e precisa ser defendido e distribuído de forma compartilhada. Constatamos que iniciativas exemplares nesse sentido são as propostas de licenciamento *creative commons*, a adoção da marca de permissão Semion em obras que adotem a renúncia patrimonial.

Acreditamos que essas observações reforçam a necessidade de revisão da concepção legalista sobre o plágio, a qual se fundamenta essencialmente na concepção moderna de autoria. Indicam que o reconhecimento de uma fonte se deve mais à necessidade do reconhecimento da paternidade ou da autoridade de uma criação textual do que à atribuição de créditos, ou seja, tem mais a ver com a autoria moral do que patrimonial. Mesmo do ponto de vista moral essa é uma reflexão que requer mais aprofundamento e revisão.

Tem sido verificado nesse mundo de massificação da informação proporcionado pelas novas tecnologias de informação e comunicação o recurso da atribuição de autorias renomadas a textos anônimos escritos por desconhecidos. Circula na Internet a seguinte frase: "O grande problema das citações na Internet é que nunca sabemos se o crédito é verdadeiro," assinado: Machado de Assis. Esse exemplo caracteriza uma nova modalidade autoral na qual um texto qualquer é divulgado como sendo obra de Fernando Pessoa, Victor Hugo, Machado de Assis, entre outros, caracterizando o que poderia ser chamado de um tipo de **plágio às avessas**, isto é, um tipo de fraude que não se caracteriza pela apropriação da autoria alheia, pelo contrário, se dá pela atribuição indevida da autoria. Assim, um texto qualquer recebe autoridade moral, ou fiabilidade, por aparecer assinado por alguém reconhecido e respeitável. Portanto, além do reconhecimento da fragilidade dos aspectos que caracterizam a autoridade patrimonial na atualidade, esse estudo também chama a atenção para a importância do aprofundamento da reflexão sobre o que caracteriza a autoridade moral de uma obra.

Essa reflexão adquire importância e quiçá urgência no campo da produção textual científica quando se considera a implicação que tem sobre os processos e condições da autoria científica na atualidade. Verificamos que a pressão e os mecanismos autorais vigentes na academia na atualidade são aspectos facilitadores, senão até incentivadores de práticas autorais descaracterizadas tanto pelos aspectos patrimoniais quanto morais: de um lado constatamos a necessidade premida pelo sistema acadêmico em relação ao aumento de publicação dos pesquisadores como condição de obtenção de financiamentos em função de uma "comprovada capacidade de fazer ciência" (MCSHERRY, 2003) e de outro, distorções e desvios nos processos autorais científicos caracterizados por autoria fantasma, presenteada ou convidada entre outras (MONTEIRO et al., 2004; PETROIANU, 2002; DOMINGUES, 2012).

Portanto, seja do ponto de vista do interesse patrimonial caracterizado pela produção acadêmica elaborada com a finalidade de obtenção de "moeda científica" (KRISHNAN, 2013), como na ótica do interesse moral exemplificado pelo caso de publicações que se servem de certos nomes de autores para atestar credibilidade e autoridade textual, ambos os casos ilustram a fragilidade do que se considera a autoria científica na atualidade, caracterizando um problema do âmbito desta produção textual, que paralelamente demanda a mesma preocupação, tida em relação ao plágio. Em suma, evidenciamos que a reflexão sobre ambos os assuntos (autoria e plágio) merecem maior atenção e aprofundamento na esfera acadêmica.

As relações entre ética (princípios morais) e técnica (normas e diretrizes)

Em relação às categorias de envolvimento com a ocorrência do plágio, ficou evidenciado que isso pode acontecer de forma intencional ou acidental. O plágio acidental é resultante do desconhecimento técnico das normas convencionadas de escrita científica, bem como das dificuldades ou mesmo falta de habilidade do estudante na tarefa de composição e redação textual. Embora tenha sido discutido que esse seja um ônus do estudante, as orientações institucionais enfatizam a necessidade de reconhecer a existência de uma parcela de responsabilidade; nesse caso, tanto dos educadores que supõem que o aluno exerça esse papel adequadamente por considerarem que se trata de uma habilidade já adquirida, bem como da omissão das instituições de ensino na tarefa de capacitação dos estudantes, para que o plágio seja evitado e até mesmo no fornecimento de informação quanto às implicações decorrentes de tal prática.

A preocupação com a ocorrência do plágio acidental precisa, portanto, ser assumida como o grande desafio das instituições de ensino e pesquisa no que diz respeito ao processo de autoria de textos científicos. Talvez resida aí a explicação para a constatação da permanência de índices elevados de ocorrência de plágio nos trabalhos acadêmicos dos estudantes ao redor do mundo, não obstante o emprego de diversos esforços que vêm sendo desenvolvidos há décadas.

Considerando a perspectiva de ocorrência do plágio de forma não intencional, parece razoável supor que uma possibilidade de compreensão da perenidade do plágio no meio acadêmico tem a ver com alguns aspectos correlatos: o estudante que não desenvolveu a habilidade de escrita no seu processo formativo e a instituição, supondo que este é um pré-requisito que o estudante já possui. Assim, quando se obtém trabalhos escritos dos estudantes, frequentemente constata-se que o produto desenvolvido é inadequado às exigências acadêmicas e desprovido de originalidade, do ponto de vista das diretrizes autorais institucionalizadas. Nesse caso, entendemos que embora sejam dedicados esforços para que essa formação deficiente do estudante do ensino superior seja compensada com ações de informação, orientação e capacitação, isso parece ser insuficiente ou ineficaz, pois os índices de ocorrência do plágio entre esses estudantes continuam altos.

Propõe-se a ideia de que tal tarefa de desenvolvimento da capacidade autoral seja implementada na educação básica, pois acreditamos que é nessa fase de aprendizagem que o estudante precisa desenvolver a habilidade da escrita acadêmica, caracterizada pela internalização das regras convencionadas de reconhecimento de fontes, desenvolvimento da habilidade de criação, originalidade textual e aplicação das técnicas de redação científica, em caso do uso adequado das citações, o que em suma tem a ver com a constituição da identidade e autonomia autoral, sendo esse, na realidade, um grande desafio educacional.

Em relação ao plágio intencional, motivado por diversos fatores e razões pessoais, trata-se de uma fraude autoral que fere princípios éticos e regras morais convencionadas pela legislação e pelos códigos institucionais. Esse tipo de prática existe desde a Antiguidade e certamente continuará a acontecer, porque é algo que diz respeito à decisão deliberada de alguns sujeitos de infringir o processo autoral adotando e apresentando uma obra alheia como se fosse própria. Sobretudo quando praticado como má-fé, o plágio é inaceitável e requer a aplicação de medidas especificamente convencionadas, sobretudo porque a impunidade nesses casos pode se tornar um pretexto para a banalização de uma prática que até pode passar a ser um hábito socialmente aceito e diluído pela ideia de que se trata de algo que 'todo mundo faz'. Nesses casos, o modo de enfrentamento é bastante simples e imediato e deve ser realizado de acordo com os dispositivos legais e/ou institucionais, que devem regular as práticas autorais.

Considerando-se tais casos, defende-se que é importante e desejável que todas as instituições envolvidas com processos autorais, especialmente no Brasil, onde o enfrentamento do plágio acadêmico ainda é incipiente, estabeleçam claramente suas regras e sanções, de modo a regulamentar as possibilidades e limites nas práticas que envolvem produção textual científica. Entre esses casos podem ser recomendados, por exemplo, a criação de páginas eletrônicas institucionais, orientações impressas em manuais de alunos e códigos de ética institucionais, bem como nas diretrizes autorais em periódicos, entre outros, conforme observamos em estudo específico (KROKOSCZ, 2011).

Em suma, admite-se que o plagiário pretende-se autor, mas lhe falta a obra e essa existe sob a condição de um ato de criação que é um ato de estilo, marcado pela pessoalidade conforme as reflexões desenvolvidas por Granger (1974) e Moles (2007), para quem o processo de criação científica é resultado do modo particular como cada cientista percorre uma rede de caminhos metodológicos, faz associações e estabelece implicações, bem como das interações que cada indivíduo cultiva com a sociedade e seus modos de representação míticos e científicos, ou seja, narrativos e lógicos.

Se por um lado, na perspectiva da criação e da estilística, a autoria é estabelecida pela identidade pessoal, por outro, o plagiário pode ser caracterizado por aquilo que Machado (2009, p. 173) chama de "desvio da ideia de pessoa", a hipocrisia, ou seja, o que corresponde à dissimulação, fingimento e fraude. Contudo, no contexto dos estudos e reflexões desta obra, a atribuição pura e simples dessa rotulação, seja do ponto de vista do autor quanto do plagiador, seria uma superficialidade ou até mesmo um equívoco, pois, a nosso ver, na imbricação entre esses dois termos tão distintos e tão relacionados encontram-se aspectos históricos, educacionais, institucionais, jurídicos, entre outros, que se ignorados podem implicar numa análise e interpretação equivocada, cujo resultado na prática pouca diferença faz, pois as preocupações com a natureza da autoria e do plágio cada vez mais nos interpelam a todos que fazemos parte da comunidade acadêmica: alunos, professores, pesquisadores, editores, divulgadores entre outros. Uma constelação de pessoas que no fundo compartilham do mesmo sentimento em relação ao mundo da ciência: o conhecimento como um grande valor destinado ao bem da humanidade.

Contribuições, perspectivas e limitações desta obra

Com o estudo desenvolvido nesta obra, procuramos contribuir no debate sobre o tema mais pela caracterização da problemática relacionada ao processo autoral científico do que pela apresentação de soluções definitivas. Na verdade, trata-se de uma discussão já iniciada e que vem sendo conduzida por outros autores, como Carboni (2001), Biagioli (2003), Marsh (2007), Goldsmith (2011), entre outros.

Fazendo coro polifônico com tais autores e adicionando uma possibilidade de perspectiva para novos aprofundamentos, destacamos o que consideramos a principal constatação deste estudo: o reconhecimento de que o conceito de plágio não apenas tem uma especificidade no que se refere ao meio acadêmico comparado ao jurídico, mas também expressa uma forma defasada e desatualizada de entender um fenômeno, que não pode ser mais interpretado com as categorias que precedem o advento das novas tecnologias de informação e comunicação.

Considera-se que as perspectivas sobre estudos futuros em relação à autoria e ao plágio nos processos de produção textual científica poderiam explorar e aprofundar as reflexões e o debate com o intuito de contribuir no desenvolvimento de uma conceituação nova e mais adequada desses aspectos cruciais da produção científica levando-se em consideração a natureza do conhecimento como um bem comum, conforme explicitado pelo *commons paradigm*.

Em relação às limitações desse estudo, retomamos o pensamento de Geoff Nunberg citado na epígrafe deste livro, segundo o qual uma das coisas que parecem ser mais desafiadoras na reflexão sobre o plágio na atualidade é o fato de que pouco se acrescenta de novo nesse debate. De fato, reconhece-se que, em parte, essas discussões fazem eco a uma série de ideias sobre o assunto, mas também acreditamos que esse trabalho contribui no debate sobre as interações existentes entre a autoria e o plágio no processo de produção textual científica. Ao mesmo tempo em que o recurso e apoio às ideias de outros autores podem limitar o grau de inovação intelectual, entendemos que isso também representa uma forma reconhecida e moralmente aceita de padrão discursivo e dialógico.

Sendo assim, reafirma-se que a reflexão contida nessa obra está alicerçada em autores relevantes como Chartier, Bakhtin, Foucault, Ostrom e Biagioli, entre outros, permanecendo única e exclusiva no que se refere ao percurso argumentativo aqui apresentado a partir das ideias desses autores. O resultado final alcançado foi obtido com muito esforço pessoal, empenho e dedicação, visando a colaborar na construção de um referencial teórico, que pode oferecer luzes a uma compreensão mais plena da ideia de autoria científica. Um assunto complexo, interessante, desafiador e indubitavelmente inesgotável. Devido a tudo isto e mais ainda, um objeto de estudos aberto a novas criações e por isto, em outras palavras, permanentemente apaixonante!

Referências

ABREU, R. M. **Proposta de arquitetura para um sistema de detecção de plágio multialgoritmo.** 2011. 105 f. Dissertação (Mestrado em Engenharia de Sistemas e Computação – COPPE) – Rio de Janeiro: Universidade Federal do Rio de Janeiro (UFRJ), 2011.

ADAMS, J. Collaborations: the rise of research networks. **Nature**, [S. l.], v. 490, nº 7.420, p. 335-336, oct. 2012.

ANGELL, M. Publish ou perish: a proposal. **Annals of Internal Medicine**, [S. l.], v. 104, nº 21, p. 261–262, feb. 1986.

ARAÚJO, V. B. C. Citação ou plágio? **Revista Pan-Amazônica de Saúde**, Belém, v. 2, nº 1, p. 9, 2011.

AULETE, F. J. C.; VALENTE, A. L. S. In: **iDICIONARIO Aulete**. [Rio de Janeiro]: Lexicon, [2012?]. Disponível em: <http://aulete.uol.com.br/site.php?mdl=aulete_digital&op=loadVerbete&pesquisa=1&palavra=autor&x=16&y=11>. Acesso em: 25 jul. 2012.

AUSTRALIAN GOVERMENT. **Australian code for the responsible conduct of research.** 2007. Disponível em: <http://www.nhmrc.gov.au/index.htm>. Acesso em: 19 abr. 2012.

AZEVEDO, F. et al. **Manifestos dos pioneiros da educação nova (1932) e dos educadores 1959.** Recife: Fundação Joaquim Nabuco/Editora Massangana, 2010.

BAKHTIN, Mikhail. **Estética da criação verbal.** São Paulo: Martins Fontes, 2000.

BARBASTEFANO, R. G.; SOUZA, C. G. Percepção do conceito de plágio acadêmico entre alunos de engenharia de produção e ações para sua redução. **Revista Produção Online**, Florianópolis, v. 7, nº 4, 2007. Disponível em: <http://producaoonline.org.br/index.php/rpo/article/viewArticle/52>. Acesso em: 17 abr. 2012.

BARROS, Manoel de. **O livro das ignorãças**. 2. ed. Rio de Janeiro: Civilização Brasileira, 1993.

BARTHES, R. A morte do autor. In: _____. **O rumor da língua**. São Paulo: Martins Fontes, 2004. p. 1-6.

BERLINCK, R. G. S. The academic plagiarism and its punishments – a review. **Revista Brasileira de Farmacognosia**, Curitiba, v. 21, nº 3, p. 365–372, may/june 2011. Disponível em: <http://www.scielo.br/scielo.php?pid=S0102-695X2011005000099&script=sci_arttext>. Acesso em: 17 abr. 2012.

BIAGIOLI, M. Rights or rewards. In: _____; GALISON, P. **Scientific authorship**: credit and intellectual property in science. New York: Routledge, 2003. p. 253-279.

_____. **Scientific authorship**: credit and intellectual property in science. New York: Routledge, 2003.

BIONDI, A. Plágio na produção acadêmica, vespeiro intocado. Ou não? **Revista Adusp**. São Paulo, nº 50, p. 90, jun. 2011.

BOLLIER, D. The growth of the commons paradigm. In: HESS, Charlotte; OSTROM, Elinor (Ed.). **Understanding knowledge as a commons**: from theory to practice. Cambridge: MIT Press, 2007. p. 27-40.

BRADLEY, C. **Plagiarism, education and prevention**: a subject-driven case-based approach. Cambridge: Woodhead Publishing Limited, 2011.

BRASIL. **Constituição da República Federativa do Brasil de 1988**. Disponível em: <http://www.planalto.gov.br/ccivil_03/constituicao/constitui%C3%A7ao.htm>. Acesso em: 14 out. 2011.

_____. **Lei nº 9.610,** de 19 de fevereiro de 1998. Altera, atualiza e consolida a legislação sobre direitos autorais e dá outras providências. Disponível em: <http://www.planalto.gov.br/ccivil_03/leis/L9610.htm>. Acesso em: 14 out. 2011.

_____. Código Penal. Decreto-lei nº 2.848, de 7 de dezembro de 1940. **Vade mecum**. São Paulo: Saraiva, 2008.

_____. Ministério da Educação. Instituto Nacional de Estudos e Pesquisas Educacionais Anísio Teixeira. **Evolução da educação superior –**

graduação – anos 1991-2007. 2010. Disponível em: <http://www.inep.gov.br/superior/censosuperior/evolucao/evolucao.htm>. Acesso em: 31 mar. 2010.

BRENT, D. Speculazioni sulla storia della proprietá. In: SCELSI, R. V. (Org.). **No copyright**: nouvi diritti nel 2000. Milano: Shake, 1994. p. 68-81.

BRUNER, J. **A cultura da educação**. Porto Alegre: Artmed, 2001.

_____. **Making stories**: law, literature, life. Cambridge: Harvard University Press, 2002.

BURANEN; L.; ROY, A. M. (Ed.). **Perspectives on plagiarism and intellectual property in a postmodern world**. Albany: State University of New York, 1999.

CALS, J. W. L.; KOTZ, D. Effective writing and publishing scientific papers, part IX: authorship. **Journal of Clinical Epidemiology**, New York, v. 66, nº 12, p. 1319, dec. 2013. Disponível em: <http://www.ncbi.nlm.nih.gov/pubmed/24369122>. Acesso em: 20 jan. 2014.

CALVINO, Í. **Seis propostas para o novo milênio**. 2. ed. São Paulo: Companhia das Letras, 1994.

CAMBRIDGE **international dictionary of English**. Cambridge: Cambridge University Press, 1995.

CARBONI, G. **Direito autoral e autoria colaborativa**. São Paulo: Quartier Latin, 2010.

CARVER, J. D. et al. Ethical considerations in scientific writing. **Indian Journal of Sexually Transmitted Diseases**, [S. l.], v. 32, nº 2, p. 124-128, july/dec. 2011. Disponível em: <http://www.pubmedcentral.nih.gov/articlerender.fcgi?artid=3195176&tool=pmcentrez&rendertype=abstract>. Acesso em: 12 fev. 2014.

CASTRO, C. M. **Como redigir e apresentar um trabalho científico**. São Paulo: Prentice-Hall, 2011.

CAVALHEIRO, J. S. A concepção de autor em Bakhtin, Barthes e Foucault. **Signum: Estudos da Linguagm**, Londrina, v. 2, nº 11, p. 67-81, dez. 2008.

CERVO, A. L.; BERVIAN, P. A.; SILVA, R. **Metodologia científica**. 6. ed. São Paulo: Pearson Prentice Hall, 2007.

CHARTIER, R. As práticas da escrita. In: ARIÈS, Philippe; DUBY, Georges. **História da vida privada**. São Paulo: Companhia das Letras, 2004. (v. 3: da renascença ao século das luzes).

_____. **A aventura do livro**: do leitor ao navegador – conversações com Jean Lebrun. São Paulo: Unesp, Imprensa Oficial, 1998.

CHARTIER, R. **A ordem dos livros**: leitores, autores e bibliotecas na Europa entre os séculos XIV e XVII. Brasília: Editora Universidade de Brasília, 1999.

_____; FAULHABER, P.; LOPES, J. S. L. **Autoria e história cultural da ciência**. Rio de Janeiro: Beco do Azougue, 2012.

CHAVES, A. **Criador da obra intelectual**. São Paulo: LTr, 1995.

CHRISTOFE, Lilian. **Intertextualidade e plágio**: questões de linguagem e autoria. 1996. 192 f. Tese (Doutorado em Linguística) – Universidade de Campinas, Campinas, 1996. Disponível em: <http://libdigi.unicamp.br/document/?code=vtls000115064> Acesso em: 17 abr. 2012.

CLAXTON, L. D. Scientific authorship. Part 2. History, recurring issues, practices, and guidelines. **Mutation research**, [S. l.], v. 589, nº 1, p. 31-45, jan. 2005. Disponível em: <http://www.ncbi.nlm.nih.gov/pubmed/15652225>. Acesso em: 19 nov. 2012.

COIMBRA JR., C. E. A. Plagiarismo em ciência. **Cadernos de Saúde Pública**, Rio de Janeiro, v. 12, nº 4, p. 440-441, out./dez. 1996. Disponível em: <http://www.scielo.br/scielo.php?script=sci_arttext&pid=S0102-311X1996000400001>. Acesso em: 20 jan. 2012.

COITO, R. F. Entre autoria e plágio: da heterogeneidade do dizer no arquivo literário. **LL Journal**, New York, v. 4, nº 2, 2009. Disponível em: <http://dev.ojs.gc.cuny.edu/index.php/lljournal/article/view/513>. Acesso em: 6 maio 2012.

COMMITTEE ON PUBLICATION ETHICS. **Code of conduct and best practice guidelines for journal editors**. Version 4. 2011. Disponível em: <http://publicationethics.org/files/Code_of_conduct_for_journal_editors_Mar11.pdf>. Acesso em: 6 abr. 2014.

COORDENAÇÃO DE APERFEIÇOAMENTO DE PESSOAL DE NÍVEL SUPERIOR (CAPES). Orientações Capes: combate ao plágio. 2011. Disponível em: <http://www.capes.gov.br/servicos/sala-de-imprensa/destaques/4445-orientacoes-capes-combate-ao-plagio>. Acesso em: 23 fev. 2012.

CONSELHO NACIONAL DE DESENVOLVIMENTO CIENTÍFICO E TECNOLÓGICO (CNPq). **Relatório da Comissão de Integridade de Pesquisa do CNPq**. 2011. Disponível em: <http://www.cnpq.br/documents/10157/a8927840-2b8f-43b9-8962-5a2ccfa74dda>. Acesso em: 18 out. 2014.

COTTA, A. G. O palimpsesto de Aristarco: considerações sobre plágio, originalidade e informação na musicologia histórica brasileira. **Perspect. Cienc. Inf.**, Belo Horizonte, v. 4, nº 2, p. 185-209, 1999.

CRUZ, M. O. **O estilo em matemática**: pessoalidade, criação e ensino. 2012. 267 f. Tese (Doutorado em Educação). São Paulo: Universidade de São Paulo, 2012.

CURTIS, G. J.; POPAL, R. An examination of factors related to plagiarism and a five-year follow-up of plagiarism at an Australian university. **International Journal for Educational Integrity**, [S. l.], v. 7, nº 1, p. 30-42, 2011. Disponível em: <http://www.ojs.unisa.edu.au/index.php/IJEI/article/viewFile/742/554>. Acesso em: 06 abr. 2014.

CSIKSZENTMIHALYI, M. **Creativity**: flow and the psychology of discovery and invention. New York: Harper Perennial, 1996.

CVETKOVIC, V. B.; ANDERSON, K. E. (Ed.). **Stop plagiarism**: a guide to understanding and prevention. New York: Neal-Schuman Publishers, 2010.

DEMO, P. Remix, pastiche, plágio: autorias da nova geração. **Meta: Avaliação**. Rio de Janeiro, v. 3, nº 8, p. 125-144, maio/ago. 2011. Disponível em: <http://metaavaliacao.cesgranrio.org.br/index.php/metaavaliacao/article/viewArticle/119>. Acesso em: 14 set. 2011.

DESCARTES, R. **Discurso do método**. 2. ed., tradução de J. Guinsburg & B. Prado Jr. São Paulo: Abril Cultural, 1979. Coleção Os Pensadores.

DIAS, W. T. **Vozes diluídas, camufladas ou exaltadas na fronteira entre a autoria e o plágio.** 2013. 192 f. Dissertação (Mestrado em Educação). Rio de Janeiro: Pontifícia Universidade Católica do Rio de Janeiro, 2013.

DINIZ, D.; MUNHOZ, A. T. M. Cópia e pastiche: plágio na comunicaçao científica. **Argumentum**, Vitória, v. 3, nº 1, p. 11-28, jan./jun. 2011.

DOMINGUES, I. A questão do plágio e da fraude nas humanidades. **Ciência Hoje**. Rio de Janeiro, v. 49, nº 289, p. 36-41, jan./fev. 2012.

ECO, U. **Como se faz uma tese**. 15. ed. São Paulo: Perspectiva, 2000.

FACHINI, G. J.; DOMINGUES, M. J. C. S. Percepção do plágio acadêmico entre alunos de programas de pós-graduação em administração e contabilidade. In: SEMINÁRIOS EM ADMINISTRAÇÃO, XI. 2008, São Paulo. **Anais...** São Paulo: FEA/USP, 2009. Disponível em: <http://www.ead.fea.usp.br/Semead/11semead/resultado/trabalhosPDF/842.pdf>. Acesso em: 6 abr. 2014.

FARACO, C. A. **Linguagem e diálogo**: as ideias do Círculo de Bakhtin. Curitiba: Edições Criar, 2003.

FERREIRA, A. B. H. **Novo dicionário da língua portuguesa**. 2. ed. Rio de Janeiro: Nova Fronteira, 1986.

FERREIRA, M. M.; SANTOS, C. R. Plágio: concepções e práticas textuais de pós-graduandos. In: SIMPÓSIO INTERNACIONAL DE ESTUDOS DE GÊNERO, VI., 2011, Natal. **Anais...** Natal, 2011. Disponível em: <http://www.cchla.ufrn.br/visiget/>. Acesso em: 6 abr. 2014.

FERREIRA, S. V.; FACIN, M. J. O universo numa bolha de sabão: autoria e plágio nos trabalhos acadêmicos. In: KISCHINHEVSKY, M.; IORIO, F. M.; VIEIRA, J. P. D. (Org.). **Horizontes do jornalismo**. Rio de Janeiro: E-papers Serviços Editoriais. 2011. p. 203-212. Disponível em: <http://books.google.com.br/books?hl=pt-BR&lr=&id=TF9jalrHd0oC&oi=fnd&pg=PA203&dq=plágio&ots=FQuot1uC#v=onepage&q=plágio&f=false>. Acesso em: 06 abr. 2014.

FORNAZIERI, C. C. **Identidade e criação**: o encontro com a autoridade e a tradição como fatores constitutivos do sujeito, 2005. 191 f. Tese (Doutorado em Educação). São Paulo: Universidade de São Paulo, 2005.

FOUCAULT, M. **O que é um autor?** 7. ed. Lisboa: Nova Vega, 2009.

FUNDAÇÃO DE AMPARO À PESQUISA DO ESTADO DE SÃO PAULO (FAPESP). **Código de boas práticas científicas**. 2011. Disponível em: <http://www.fapesp.br/boaspraticas/codigo_050911.pdf>. Acesso em: 23 fev. 2012.

G1. **Ministro acusado de plágio acadêmico renuncia na Alemanha**. 2011. Disponível em: <http://g1.globo.com/mundo/noticia/2011/03/ministro-acusado-de-plagio-renuncia-na-alemanha.html>. Acesso em: 25 set. 2012.

GALUPPO, M. C. Plágio e acusação de plágio: aspectos jurídicos. In: *Reunião Anual da SBPC*, 63., Goiânia, **Anais...** Goiânia: SBPC, 2011. p. 46-48.

GARCEZ, L. H. C. **A escrita e o outro**. Brasília: UnB, 1998.

GARCIA, Pedro Luengo. **O plágio e a compra de trabalhos acadêmicos**: um estudo exploratório com professores de administração. 2006. 130 f. Dissertação (Mestrado em Administração). Varginha: Faculdade Cenecista de Varginha, 2006.

GARCIA, R. **Periódico científico publica dois estudos plagiados na íntegra**. 2009. Disponível em: <http://www1.folha.uol.com.br/folha/ciencia/ult306u561841.shtml>. Acesso em: 1 mar. 2011.

GARSCHAGEM, B. Universidade em tempos de plágio. 2006. Disponível em: <https://www.listas.unicamp.br/pipermail/ead-l/2006-January/068244.html>. Acesso em: 6 abr. 2014.

GENEREUX, R.; MCLEOD, B. Circumstances surrounding cheating: a questionnaire study of college students. **Research in Higher Education**,

Dordrecht, v. 36, nº 6, p. 687-704, 1995. Disponível em: <http://www.springerlink.com/index/10.1007/BF02208251>. Acesso em: 6 abr. 2014.

GERAQUE, E. **Reitora da USP é acusada de plágio em estudo sobre vírus.** 2009. Disponível em: <http://www1.folha.uol.com.br/folha/educacao/ult305u647429.shtml>. Acesso em: 24 fev. 2011.

GIL, A. C. **Como elaborar projetos de pesquisa.** 4. ed. São Paulo: Atlas, 2007.

GILMORE, J. et al. Weeds in the flower garden: an exploration of plagiarism in graduate students' research proposals and its connection to enculturation, ESL, and contextual factors. **International Journal for Educational Integrity**, [S. l.], v. 6, nº 1, p. 13-28, july, 2010.

GODOY, A. S. M. Direito, literatura e propriedade intelectual. Posner, a criptomnésia e o plágio inconsciente. **Jus Navigandi**, v. 12, nº 1.529, 2007. Disponível em: <http://jus.com.br/revista/texto/10377/direito-literatura-e-propriedade-intelectual>. Acesso em: 3 maio 2012.

GOLDSMITH, K. **Uncreative writing**: managing language in the digital age. New York: Columbia University Press, 2011.

GOMES JR, N. N. A furtiva arte do ventriloquismo nas publicações científicas: quando a voz do boneco não é a voz do dono. **Argumentum**. Vitória, v. 1, nº 3, p. 29-33, 2011.

GONÇALVES, H. H. L.; NOLDIN, P. H. P.; GONÇALVES, C. C. O recurso do plágio em trabalhos acadêmico-científicos: um tema em questão. **Revista da Unifebe**. Brusque, nº 9, jul./dez. 2011. Disponível em: <http://www.unifebe.edu.br/revistadaunifebe/20112/artigo007.pdf>. Acesso em: 6 maio 2012.

GOODMAN, S. R.; MALLET, R. T. Science publishing: how to stop plagiarism. **Nature**, [S. l.], v. 481, nº 7.379, p. 21-23, 2012. Disponível em: <http://www.ncbi.nlm.nih.gov/pubmed/22989803>. Acesso em: 30 ago. 2012.

GOW, S. A cultural bridget for the academic concept of plagiarism: a comparison of Chinese and British cultural concepts of plagiarism by Chinese Master's graduates of UK institutions employed by Sino-foreign joint ventures in Shanghai, China In: MENDEL UNIVERSITY IN BRNO. Plagiarism across Europe and Beyond. **Conference Proceedings...** Brno, Czech Republic, june, 2013.

GRANGER, G. G. **Filosofia do estilo.** São Paulo: Perspectiva, 1974.

GREEN, S. P. Plagiarism, norms, and the limits of theft law: some observations on the use of criminal sanctions in enforcing intellectual property rights. **Hastings Law Journal**. San Francisco, v. 54, nº 1, 2002.

GRIEGER, M. C. A. Escritores fantasma e comércio de trabalhos científicos na Internet: a ciência em risco. **Revista da Associação Médica Brasileira**. São Paulo, v. 53, nº 3, p. 247-251, maio/jun. 2007. Disponível em: <http://www.scielo.br/scielo.php?script=sci_arttext&pid=S0104-42302007000 300023&lng=pt&nrm=iso&tlng=pt>. Acesso em: 19 out. 2011.

GROOM, N. Forgery, plagiarism, imitation, pegleggery. In: KEWES, P. **Plagiarism in early modern England**. Houndmills: Palgrave MacMillan, 2003. p. 21-40.

GUEVARA, A. J. H.; DIB, V. C. **Da sociedade do conhecimento à sociedade da informação**. São Paulo: Saraiva, 2007.

HAGSTROM, W. O. **The scientific community**. New York: Basic Books, 1965.

HAMMOND, B. S. Plagiarism: Hammond *versus* Ricks. In: KEWES, Paulina (ed.). **Plagiarism in early modern England**. Houndmills: Palgrave MacMillan, 2003. p. 43-51.

HANSEN, B. Combating plagiarism: is the Internet causing more students to copy? **The CQ Researcher**. Washington, v. 13, nº 32, p. 773-796, sept. 2003.

HARRIS, R. **The plagiarism handbook**. Los Angeles: Pyrczak Publishing, 2001.

HARVARD UNIVERSITY. **What Constitutes Plagiarism?** 2011. Disponível em: <http://isites.harvard.edu/icb/icb.do?keyword=k70847&pageid=icb.page342054> Acesso em: 30 jun. 2011.

HARVEY, D. **Condição pós-moderna**. 15. ed. São Paulo: Loyola, 2006.

HENDRIKSEN, E. S.; VAN BREDA, M. F. **Teoria da contabilidade**. São Paulo: Atlas, 1999.

HESS, C.; OSTROM, E. (Ed.). **Understanding knowledge as a commons**: from theory to practice. Cambridge: MIT Press, 2007.

HOUAISS, A. Plágio. In: _____. **Dicionário Houaiss da Língua Portuguesa**. Rio de Janeiro: Objetiva, 2009. Disponível em: <http://houaiss.uol.com.br/busca.jhtm?verbete=plagio&stype=k&x=20&y=5 >. Acesso em: 15 abr. 2011.

HOWARD, R. M. **Standing in the shadow of giants**: plagiarists, authors, collaborators. Stamford: Ablex Publishing, 1999. (Perspectives on writing, v. 2).

HYDE, L. **The gift**: imagination and the erotic life of property. New York: Vintage, 1983.

INNARELLI, P. B. **Fatores antecedentes na atitude de alunos de graduação frente ao plágio**. 2011. 84 f. Dissertação (Programa de Pós-Graduação em Administração). São Paulo: Universidade Metodista de São Paulo, 2011.

INTERNATIONAL CENTER FOR ACADEMIC INTEGRITY (ICAI). C2012. Disponível em: <http://www.academicintegrity.org/icai/home.php>. Acesso em: 13 nov. 2012.

INTERNATIONAL JOURNAL FOR EDUCATIONAL INTEGRITY. Adelaide: University of South Australia, 2005. Semestral. ISSN: 1833-2595.

JOHNSON, G. A era da irreprodutibilidade científica. **Folha de São Paulo**. São Paulo, 4 fev. 2014.

JONES, L. R. Academic integrity & Academic dishonesty: a handbook about cheating & plagiarism. Melbourne, FL: Florida Institute of Technology, 2011. Disponível em: <http://www.fit.edu/current/documents/plagiarism.pdf>. Acesso em: 30 nov. 2012.

JUDENSNAIDER, I. O plágio, a cópia e a intertextualidade na produção acadêmica. **Revista Espaço Acadêmico**. Maringá, v. 11, nº 125, p. 133-138, abr. 2011a.

_____. Um olhar histórico à questão da cópia e plágio. **Revista Querubim**. Rio de Janeiro, v. 1, nº 15, p. 166-167, 2011b.

KEWES, P. (Ed.) **Plagiarism in early modern England**. Houndmills: Palgrave MacMillan, 2003.

KLEIMAN, A. B. **Análise e comparação qualitativa de sistemas de detecção de plágio em tarefas de programação**. 2007. Dissertação (Mestrado Programa de Pós-Graduação em Ciência da Computação). Campinas: Universidade Estadual de Campinas (UNICAMP), 2007.

KOESTLER, Arthur. **Act of creation**: a study of the conscious and unconscious in science and art. New York: Laurel, 1967.

KOOCHER, G. P.; KEITH-SPIEGEL, P. Peers nip misconduct in the bud. **Nature**, [S. l.], v. 466, nº 7.305, p. 438-440, july 2010. Nature Publishing Group. Disponível em: <http://www.ncbi.nlm.nih.gov/pubmed/20651674>. Acesso em: 6 abr. 2014.

KRIS, E. E. Psychology and interpretation in psychoanalytic therapy. **Psychoanalytic Quarterly**, New York, v. 20, nº 1, p. 15-30, 1951.

KRISHNAN, V. Etiquette in scientific publishing. **American Journal of**

Orthodontics and Dentofacial Orthopedics. St. Louis, v. 144, nº 4, p. 577-582, oct. 2013. Disponível em: <http://www.ncbi.nlm.nih.gov/pubmed/24075666>. Acesso em: 12 fev. 2014.

KROKOSCZ, M. Abordagem do plágio nas três melhores universidades de cada um dos cinco continentes e do Brasil. **Revista Brasileira de Educação**. Rio de Janeiro, v. 16, nº 48, p. 745-818, set./dez. 2011.

_____. **Autoria e plágio**: um guia para estudantes, professores, pesquisadores e editores. São Paulo: Atlas, 2012a.

_____. **A literature review of scientific research and reflections on plagiarism in Brazil since 1990**. In: International Plagiarism Conference, 5., Proceedings... Newcastle. 2012b. Disponível em: <http://archive.plagiarismadvice.org/documents/conference2012/posters/Krokoscz_poster2.pdf>. Acesso em: 5 abr. 2014.

_____. **Plagiarism on the couch**: a theoretical analysis in view of Jacques Lacan. In: **International Plagiarism Conference**. 5., Proceedings... Newcastle. 2012c. Disponível em: <http://archive.plagiarismadvice.org/documents/conference2012/posters/Krokoscz_poster.pdf>. Acesso em: 5 abr. 2014.

_____; FERREIRA, S. M. S. P. Graduate Students Perceptions of the occurrence of plagiarism in academic works at the University of São Paulo, Brazil. In: **International Plagiarism Conference**. 6., Proceedings... Newcastle. 2014. Disponível em: <http://www.plagiarismconference.org/pdf/MKrokoscz%20ABSTRACT%20[Trad]%20FULL%20PAPER%20IIPC%20for%20web.pdf>. Acesso em: 21 dez. 2014.

_____; PUTVINSKIS, R. Analysis of the perceptions of undergraduate students in Business Administration on the occurrence of academic plagiarism in Brazil. In: **International Conference on Plagiarism** Across Europe and Beyond. 2013, Brno, Czech Republic. **Proceedings...** , 2013. Disponível em: <http://www.academia.edu/6725517/Teaching_staff_concerns_about_academic_integrity_and_their_implications_for_staff_development>. Acesso em: 21 dez. 2014.

LACAN, Jacques. **Escritos**. São Paulo: Jorge Zahar, 1998.

LACAN, Jacques. **O seminário, livro 3**: as psicoses. Rio de Janeiro: Jorge Zahar, 2002.

LAMKI, L. A. Ethics in scientific publication: plagiarism and other scientific misconduct. **Oman Medical Journal**, [S. l.], v. 28, nº 6, p. 379-381, nov. 2013.

LEITE, L. R. **O universo do livro em marcial**. 2008. 98 f. Tese (Doutorado em Letras Clássicas). Rio de Janeiro: Universidade Federal do Rio de Janeiro (UFRJ), 2008.

LIMA, R. A. O plágio na era digital. **Revista Veja**. São Paulo, v. 44, nº 9, p. 100-104, 2 mar. 2011.

LINDEY, A. **Plagiarism and originality**. Westport: Greenwood Press, 1952.

LONG, P. Invention, authorship, intellectual property, and the origin of patents: notes towards a conceptual history. **Technology and Culture**. Baltimore, nº 32, p. 847, 1991.

LOUI, M. C. Seven ways to plagiarise: handling real allegations of research misconduct. **Science and Engineering Ethics**, Guildford, v. 8, nº 4, 2002. p. 529-539.

LUQUINI, E. **Uma proposta para promover a aprendizagem nas disciplinas de programação utilizando-se de redes sociais modeladas por técnicas de detecção de plágio**. 2010. 101 f. Dissertação (Mestrado em Engenharia Elétrica). São Paulo: Universidade Presbiteriana Mackenzie, 2010.

MACHADO, N. J. **Conhecimento e valor**. São Paulo: Moderna, 2004.

_____. **Educação**: competência e qualidade. São Paulo: Escrituras, 2009.

MALLON, T. **Stolen words**: forays into the origins and ravages of plagiarism. New York: Ticknor and Fields, 1989.

MANSO, E. J. V. **O que é direito autoral**. São Paulo: Brasiliense, 1987.

MARCOVIK, Milica. **Interview with Professor Marcelo Krokoscz**. 2012. Disponível em: <http://www.cimethics.org/home/newsletter/dec2012/plagiarism.htm>. Acesso em: 14 abr. 2014.

MARQUES, Fabrício. Crédito para todos. **Pesquisa FAPESP**. São Paulo, nº 221, julho de 2014.

MARSH, B. **Plagiarism**: alchemy and remedy in higher education. Albany: State University of New York Press, 2007.

MARTIALIS, M. V. **Epigrammata**: ad optimum librorum fidem, accurate edita. Lipsiae: Sumptibus Ottonis Holtze, 1867.

MARTINS, M. F.; NEOTTI, C. Autoria e plágio na Internet: uma leitura discursiva. **Pesquisas em Discurso Pedagógico**. Rio de Janeiro, 2012.

MASSACHUSETTS INSTITUTE OF TECHNOLOGY (MIT). **Academic in-**

tegrity: a handbook for students. 2007. Disponível em: <http://web.mit.edu/academicintegrity/plagiarism/paraphrasing.html>. Acesso em: 20 nov. 2009.

MASSARANI, Luisa. **Brazil's science investment reaches record high**. 2013. Disponível em: <http://www.nature.com/news/brazil-s-science-investment-reaches-record-high-1.13495>. Acesso em: 31 ago. 2014.

MATUCK, A. Information and intellectual property, including a proposition for an international symbol for released information: SEMION. **Leonardo**, v. 26, nº 5, 1993. p. 405-411. Art and Social Consciousness: Special Issue.

MAXWELL, A.; CURTIS, G. J.; VARDANEGA, L. Does culture influence understanding and perceived seriousness of plagiarism? **International Journal for Educational Integrity**, [S. l.], v. 4, nº 2, p. 25-40, dec. 2008.

MCCABE, D. L.; BUTTERFIELD, K. D; TREVINO, L. K. Academic dishonesty in graduate business programs: prevalence, causes, and proposed action. **Academy of Management Learning & Education**, [S. l.], v. 5, nº 3, p. 294-305, 2006. Disponível em: <http://faculty.mwsu.edu/psychology/dave.carlston/Writing%20in%20Psychology/Academic%20Dishonesty/Grop%204/business2.pdf>. Acesso em: 21 abr. 2013.

_____; PAVELA, G. **New honor codes for a new generation**. 2005. Disponível em: <http://www.insidehighered.com/views/2005/03/11/pavela1>. Acesso em: 15 set. 2011.

_____; TREVINO, L. Individual and contextual influences on academic dishonesty: a multicampus investigation. **Research in Higher Education**, Dordrecht, v. 38, nº 3, p. 379-396, 1997. Disponível em: <http://link.springer.com/article/10.1023/A:1024954224675>. Acesso em: 9 abr. 2013.

_____; _____; BUTTERFIELD, K. D. Cheating in Academic Institutions: a decade of research. **Ethics & Behavior**, [S. l.], v. 11, nº 3, p. 219-232, 2001.

_____; _____; _____. Honor codes and other contextual influences on academic integrity: a replication and extension to modified honor code settings. **Research in Higher Education**, Dordrecht, v. 43, nº 3, p. 357-378, june 2002.

MCCORD, A. **Improving online assignments to deter plagiarism**. 2008. Disponível em: <http://scholar.google.com/scholar?hl=en&btnG=Search&q=intitle:Improving+Online+Assignments+to+Deter+Plagiarism#0>. Acesso em: 9 abr. 2013.

MCSHERRY, C. Uncommon controversies. In: BIAGIOLI, M; GALISON, P. **Scientific authorship**: credit and intellectual property in science. New York: Routledge, 2003. p. 225-250.

MOISES, M. **Literatura**: mundo e forma. São Paulo: Cultrix, Edusp, 1982.

MOLES, A. A. **A criação científica**. 3. ed. São Paulo: Perspectiva, 2007.

MONTEIRO, R. et al. Critérios de autoria dos trabalhos científicos: um assunto polêmico e delicado. **Brazilian Cardiovascular Surgery**, [S. l.], v. 19, nº 4, 2004.

MORAES, R. O plágio na pesquisa acadêmica: a proliferação da desonestidade intelectual. **Revista Diálogos Possíveis**, [S. l.], v. 6, nº 2, p. 92-109, 2007.

MUGNAINI, R.; JANNUZZI, P. M.; QUONIAM, L. Indicadores bibliométricos da produção científica brasileira: uma análise a partir da base Pascal. **Ciência da Informação**, Brasília, v. 33, nº 2, p. 123-131, maio/ago. 2004.

MUSSINI, J. A. **Novas arquiteturas para detecção de plágio baseadas em redes P2P**. 2008. 107 f. Dissertação (Mestrado em Informática). Curitiba: Pontifícia Universidade Católica do Paraná, 2008.

NATALI, Adriana. Luz própria. **Revista Ensino Superior**, São Paulo, nº 154, p. 36-39, jul. 2011.

OLIVAL, M. C. S. Intertextualidade ou plágio? Considerações teórico-práticas. **Revista Signótica**. Goiânia, v. 2, nº 1, p. 153-161, 1990. Disponível em: <http://www.revistas.ufg.br/index.php/sig/article/viewArticle/7228>. Acesso em: 6 maio 2012.

OLIVEIRA, M. G.; OLIVEIRA, E. Uma metodologia para deteção automática de plágios em ambientes de educação a distância. In: CONGRESSO BRASILEIRO DE ENSINO SUPERIOR A DISTÂNCIA – ESuD. 2008. **Anais...** 2008. Gramado, RS. Disponível em: <http://200.169.53.89/download/CD congressos/2008/V ESUD/trabs/t38670.pdf>. Acesso em: 15 set. 2011.

OLIVEIRA, M. M. **Plágio na constituição de autoria**: análise da produção acadêmica de resenhas e resumos publicados na Internet. 2007. 151 f. Dissertação (Mestrado em Letras). São Paulo: Universidade Presbiteriana Mackenzie, 2007. Disponível em: <http://mx.mackenzie.com.br/tede/tde_busca/arquivo.php?codArquivo=289>. Acesso em: 6 abr. 2014.

OLIVEIRA, L. H.; GARCIA, P. L.; JULIARI, C. C. B. Mercado de trabalhos acadêmicos: um estudo exploratório. **Pensamento Plural: Revista Cientí-**

fica da **UNIFAE**, São João da Boa Vista v. 4, nº 2, p. 33-42, 2010.

ONIONS, C. T. (Ed.). **Oxford dictionary of english etymology**. Oxford: Clarendon Press, 1996.

ORLANDI, E. P. **As formas de silêncio**. 5. ed. Campinas: Unicamp, 2002.

PACKER, A. Os periódicos brasileiros na comunicação científica nacional. In: CURSO DE EDITORAÇÃO CIENTÍFICA DA ABEC, 19., 2011. **Apresentação oral**... Campinas: Instituto de Agronomia de Campinas, 2011.

PARK, C. In other (People's) words: plagiarism by university students – literature and lessons. **Assessment & Evaluation in Higher Education**, [S. l.], v. 28, nº 5, p. 471-488. oct. 2003. Disponível em: <http://www.lancs.ac.uk/staff/gyaccp/caeh_28_5_02lores.pdf>. Acesso em: 22 dez. 2011.

PÉCORA, A. **Problemas de redação**. São Paulo: Martins Fontes, 2002.

PECORARI, D. Good and original: plagiarism and patchwriting in academic second-language writing. **Journal of Second Language Writing**, Oxford, v. 12, nº 4, p. 317–345, oct. 2003. Disponível em: <http://linkinghub.elsevier.com/retrieve/pii/S1060374303000420>. Acesso em: 8 nov. 2012.

PEREIRA, R. C. **Cross-language plagiarism detection**. 2010. 64 f. Dissertation (Master of Computer Science). Porto Alegre: Universidade Federal do Rio Grande do Sul, 2010. Disponível em: <http://www.lume.ufrgs.br/bitstream/handle/10183/27652/000763631.pdf?sequence=1>. Acesso em: 23 fev. 2012.

PERISSÉ, G. O Conceito de plágio criativo. **Videtur**, nº 18, p. 9-19, 2003. Disponível em: <http://www.hottopos.com/videtur18/gabriel.htm>. Acesso em: 6 maio 2012.

PERTILE, S. D. L. **Desenvolvimento e aplicação de um método para detecção de indícios de plágio**. 2011. Dissertação (Mestrado em Informática). Porto Alegre: Universidade Federal de Santa Maria, 2011.

PETROIANU, A. Autoria de um trabalho científico. **Revista da Associação Médica Brasileira**, São Paulo, v. 48, nº 1, p. 60-65, out./dez. 2002. Disponível em: <http://www.scielo.br/scielo.php?script=sci_arttext&pid=S0104-42302002000100034&lng=pt&nrm=iso&tlng=pt>. Acesso em: 19 out. 2011.

PEZZIN, M. Z. **Metodologia estatística computacional de detecção automatizada do plágio autoral**: uma proposta de interpretação dos resultados do programa Farejador de Plágio. 2010. Disponível em: <http://www.farejadordeplagio.com.br/metodologia_do_farejador.pdf>. Acesso em: 30 set. 2012.

POSNER, Richard A. **The little book of plagiarism**. New York: Pantheon Books, 2007.

POWER, L. G. University students' perceptions of plagiarism. **The Journal of Higher Education**, Ohio, v. 80, nº 6, p. 643-662, nov./dec. 2009. Disponível em: <http://muse.jhu.edu/journals/jhe/summary/v080/80.6.power.html>. Acesso em: 14 maio 2012.

PLAGIARISM.ORG. **5th international plagiarism conference 2012**, 2011. Disponível em: <http://ipc5.eventbrite.com/>. Acesso em: 30 set. 2011.

_____. **Types of plagiarism**. 2013. Disponível em: <http://plagiarism.org/plagiarism-101/types-of-plagiarism>. Acesso em: 21 abr. 2013.

PLATÃO. **Fedro**. São Paulo: Martin Claret, 2003.

PRESIDENTE da Hungria renuncia após denúncia de plágio. **O Globo**. Rio de Janeiro, 24 abr. 2012. Disponível em: <http://oglobo.globo.com/mundo/presidente-da-hungria-renuncia-apos-denuncia-de-plagio-4472762>. Acesso em: 25 set. 2012.

RANDALL, M. **Pragmatic plagiarism**: authorship, profit, and power. Toronto: University of Toronto Press, 2001.

REBELLO, S. T. B. **Sobre a identidade do plágio em uma perspectiva wittgensteiniana de linguagem**. 2006. Dissertação (Mestrado em Letras). Rio de Janeiro: Pontifícia Universidade Católica do Rio de Janeiro, 2006. Disponível em: <http://www.maxwell.lambda.ele.puc-rio.br/cgi-bin/PRG_0599.EXE/9081_3.PDF?NrOcoSis=27634&CdLinPrg=pt>. Acesso em: 14 set. 2011.

RHEINBERGER, Hans-Jörg. Discourses of circumstance. In: BIAGIOLI, M.; GALISON, P. **Scientific authorship**: credit and intellectual property in science. New York: Routledge, 2003. p. 309-323.

RICKS, C. Plagiarism. In: KEWES, Paulina. **Plagiarism in early modern England**. Hound Mills: Palgrave MacMillan, 2003. p. 21-40.

RICOEUR, P. **Teoria da interpretação**: o discurso e o excesso de significação. Lisboa: Edições 70, 1987.

ROCHA, T. L. R.; PIMENTA, M. A. A. Plágio em pesquisa no ensino fundamental: perspectivas de docentes e discentes. ENCONTRO DE PESQUISA EM EDUCAÇÃO. 6., 2011. **Anais...** Uberaba, 2011. Disponível em: <http://www.revistajuridica.uniube.br/index.php/anais/article/view/381/403>. Acesso em: 6 abr. 2014.

RODRÍGUEZ, V. G. **O ensaio como tese**: estética e narrativa na composição do texto científico. São Paulo: WMF Martins Fontes, 2012.

ROIG, M. **Avoiding plagiarism, self-plagiarism, and other questionable writing practices**: a guide to ethical writing. 2006. Disponível em: <http://www.cse.msu.edu/~alexliu/plagiarism.pdf>. Acesso em: 28 set. 2012.

ROMANCINI, R. A praga do plágio acadêmico. **Revista Científica FAMEC/FAAC/FMI/FABRASP**, [S. l.], v. 6, nº 6, p. 44-48, 2007.

ROSE, M. **Authors and owners**: the invention of copyright. Cambridge: Harvard University Press, 1993.

SALOMON, D. V. **Como fazer uma monografia**. 10. ed. São Paulo: Martins Fontes, 2001.

SANTANA, J. M.; JOBERTO, S. B. M. Um sistema para detecção de plágio em ambiente de aprendizado virtual. In: VIRTUAL EDUCA CONFERENCE. **Anais...** Miami, 2003. Disponível em: <http://www.virtualeduca.org/encuentros/miami2003/es/actas/1/1_07.pdf>. Acesso em: 14 set. 2011.

SANTOS, B. S. **Pela mão de Alice**: o social e o político na pós-modernidade. Lisboa: Afrontamento, 2004.

SANTOS, F. A. O. **Criação da ferramenta de detecção de plágio em ambiente virtual de aprendizagem**, 2010. 75 f. Dissertação (Mestrado em Engenharia Elétrica). Itajubá: Universidade Federal de Itajubá, 2010.

SARMENTO, H. B. M. Plágio, ética e pesquisa na sociedade: problematizações e contradições. **Argumentum**, Vitória, v. 1, nº 3, p. 34-42, jan./jun. 2011.

SAUTHIER, M. et al. Fraude e plágio em pesquisa e na ciência: motivos e repercussões. **Revista de Enfermagem Referência**, Coimbra, v. 3, nº 3, p. 47-55, mar. 2011.

SCHNEIDER, M. **Ladrões de palavras**: ensaio sobre o plágio, a psicanálise e o pensamento. Campinas: Unicamp, 1990.

SILVA, A. K. L.; DOMINGUES, M. J. C. S. Plágio no meio acadêmico: de que forma alunos de pós-graduação compreendem o tema. **Perspectivas Contemporâneas**. Campo Mourão, v. 3, nº 2, p. 117-135, ago./dez. 2008. Disponível em: <http://www.revista.grupointegrado.br/revista/index.php/perspectivascontemporaneas/article/view/448>. Acesso em: 6 maio 2012.

SILVA, O. S. F. Entre o plágio e a autoria: qual o papel da universidade? **Revista Brasileira de Educação**, Rio de Janeiro, v. 13, nº 38, maio/ago. 2008. Disponível em: <http://www.scielo.br/scielo.php?pid=S1413-24782008000200012&script=sci_arttext>. Acesso em: 25 jan. 2012.

SNOW, C. P. **Duas culturas**. Lisboa: Dom Quixote, 1965.

SOWDEN, C. Plagiarism and the culture of multilingual students in higher education abroad. **ELT Journal**, Oxford, v. 59, nº 3, p. 226-233, 2005. Disponível em: <http://eltj.oupjournals.org/cgi/doi/10.1093/elt/cci042>. Acesso em: 9 nov. 2012.

STEARNS, L. Copy wrong: plagiarism, process, property, and the law. In: BURANEN, L.; ROY, A. M. **Perspectives on plagiarism and intellectual property in a postmodern world**. Albany: State University of New York, 1999. p. 5-17.

STEINER, G. **Gramáticas da criação**. São Paulo: Globo, 2003.

ST ONGE, K. R. **The melancholy anatomy of plagiarism**. Boston/London: University Press of America, 1988.

SUBER, P. Creating an intellectual commons through open access. In: HESS, C.; OSTROM, E. (Ed.). **Understanding knowledge as a commons**: from theory to practice. Cambridge: MIT Press, 2007. p. 171-208.

TAKAHASHI, F. USP demite professor por plágio em pesquisa. **Folha de S. Paulo**, São Paulo, 20. fev. 2011. Disponível em: <http://www1.folha.uol.com.br/fsp/cotidian/ff2002201101.htm>. Acesso em: 25 set. 2012.

TENÓRIO, G. M. Bandidos literários: o plágio e as dimensões da escrita na Primeira República (1902-1930). In: ENCONTRO REGIONAL DA ASSOCIAÇÃO NACIONAL DE HISTÓRIA – ANPUH. 14. 2010, **Anais...**, Rio de Janeiro, 2010. Disponível em: <http://www.encontro2010.rj.anpuh.org/resources/anais/8/1276435994_ARQUIVO_TEXTOPARAANPUH.pdf>. Acesso em: 25 set. 2012.

THE ROYAL SOCIETY. **Knowledge, networks and nations**: global scientific collaboration in the 21st century. 2011. Disponível em: <https://royalsociety.org/events/2011/knowledge-networks-nations/>. Acesso em: 9 nov. 2012.

TORRESI, S. I. C. DE; PARDINI, V. L.; FERREIRA, V. F. É plágio. E daí? **Química Nova**. São Paulo, v. 34, nº 3, p. 371, 2011.

_____; _____; _____. Fraudes, plágios e currículos. **Química Nova**, São Paulo, v. 32, nº 6, 2009.

TOWNLEY, C.; PARSELL, M. Technology and academic virtue: student plagiarism through the looking glass. **Ethics and Information Technology**, Dordrecht, v. 6, nº 4, p. 271-277, 2005. Disponível em: <http://www.springerlink.com/index/10.1007/s10676-005-5606-8>. Acesso em: 6 abr. 2014.

TRZESNIAK, P.; KOLLER, S. H. A redação científica apresentada por editores. In: SABADINI, A. A. Z. P.; SAMPAIO, M. I. C.; KOLLER, S. H. (Org.).

Publicar em psicologia: um enfoque para a revista científica. São Paulo: Associação Brasileira de Editores Científicos de Psicologia e Instituto de Psicologia da USP, 2009. p. 19-34.

UNITED KINGDOM. RESEARCH COUNCIL UK. **RCUK Policy and code of conduct on the governance of good research conduct**. 2011. Disponível em: <http://www.rcuk.ac.uk/documents/reviews/grc/goodresearchconductcode.pdf>. Acesso em: 19 abr. 2013.

UNIVERSITY OF OXFORD. **Academic good practice**. 2011. Disponível em: <http://www.admin.ox.ac.uk/edc/goodpractice/>. Acesso em: 6 out. 2011.

U.S. DEPARTMENT OF HEALTH AND HUMAN SERVICES. Public Health Service Policies on Research Misconduct. **Federal Register**, v. 70, nº 94, may 2005.

_____. **Office of research integrity**. 2011. Disponível em: <http://ori.hhs.gov/>. Acesso em: 30 set. 2011.

VALENTE, D. **O plágio**. São Paulo: Livraria Farah, 1986.

VALENTE, N. T. Z. et al. Reasons that lead undergraduate students in the business administration course to misuse ready papers taken from the internet. In: (CONTECSI) INTERNATIONAL CONFERENCE ON INFORMATION SYSTEMS AND TECHNOLOGY MANAGEMENT. 7., 2010, São Paulo, **Anais...** São Paulo: CONTECSI, 2010. p. 1.075-1.097.

VASCONCELOS, S. et al. Discussing plagiarism in Latin American science. Brazilian researchers begin to address an ethical issue. **EMBO reports**, v. 10, nº 7, p. 677-682, 2009. Disponível em: <http://www.pubmedcentral.nih.gov/articlerender.fcgi?artid=2727439&tool=pmcentrez&rendertype=abstract>. Acesso em: 6 abr. 2014.

_____. O plágio na comunidade científica: questões culturais e linguísticas. **Ciência e Cultura**, São Paulo, v. 59, nº 3, p. 4-5, jul./set. 2007. Disponível em: <http://cienciaecultura.bvs.br/scielo.php?pid=S0009-67252007000300002&script=sci_arttext&tlng=en>. Acesso em: 20 jan. 2012.

VAZ, T. R. D. O avesso da ética: a questão do plágio e da cópia no ciberespaço. **Cadernos de Pós-Graduação**, São Paulo, v. 5, nº 1, p. 159-172, 2006.

WERTHEIN, J.; CUNHA, C. (Org.). **Ensino de Ciências e Desenvolvimento**: o que pensam os cientistas. 2. ed. Brasília: Unesco, Instituto Sangari, 2009.

WIKIPÉDIA. GNU **Free documentation license**. 2014a. Disponível em:

<http://pt.wikipedia.org/wiki/GNU_Free_Documentation_License>. Acesso em: 6 fev. 2014.

WIKIPÉDIA. **User:** igenes. 2014b. Disponível em: <http://en.wikipedia.org/wiki/User:Igenes>. Acesso em: 6 fev. 2014.

WIKIPÉDIA. **Artigos destacados.** 2014c. Disponível em: <http://pt.wikipedia.org/wiki/Wikip%C3%A9dia:Artigos_destacados>. Acesso em: 6 fev. 2014.

_____. **História da Wikipédia.** 2014d. Disponível em: <http://pt.wikipedia.org/wiki/Hist%C3%B3ria_da_Wikip%C3%A9dia#O_estudo_feito_na_Nature>. Acesso em: 6 fev. 2014.

_____. **Direitos de autor.** 2014e. Disponível em: <http://pt.wikipedia.org/wiki/Wikip%C3%A9dia:Direitos_de_autor>. Acesso em: 6 fev. 2014.

_____. **Verifiability.** 2014f. Disponível em: <http://en.wikipedia.org/wiki/Wikipedia:Verifiability>. Acesso em: 6 fev. 2014.

WITTER, G. P. Ética e autoria na produção textual científica. **Informação & Informação**, Londrina, v. 15, Especial, p. 130-143, 2010. Disponível em: <http://www.uel.br/revistas/uel/index.php/informacao/article/view/6568/6771>. Acesso em: 6 abr. 2014.

Formato	14 x 21 cm
Tipografia	Iowan 10,5/13
Papel	Offset Sun Paper 90 g/m² (miolo)
	Supremo 250 g/m² (capa)
Número de páginas	192
Impressão	Yangraf